GUILLAUME CANNAT

LE CIEL À L'ŒIL NU

MOIS PAR MOIS LES PLUS BEAUX SPECTACLES

EN 2022

amds ○ édition

Création éditoriale

amds ○ édition
www.amds-edition.com

21, chemin des Oliviers
34730 Prades-le-Lez – France

Direction éditoriale
amds
contact@amds-edition.com
www.amds-edition.com

Textes, cartes et schémas
Guillaume Cannat
gc@leguideduciel.net

Relectures et corrections
Atelier Dazibao
spizzo@free.fr

Maquette, montage PAO et couverture
A.M.G. sarl
michelganne@wanadoo.fr

Tous les schémas ont été réalisés avec des images prises par l'auteur.

Sauf indication contraire, les phénomènes décrits dans cet ouvrage sont observables en France métropolitaine et, plus largement, en Europe. Ils peuvent cependant être observés ailleurs sur la planète, mais la disposition et l'orientation des astres peuvent alors être différentes de ce qui est représenté sur les schémas.

Pour découvrir les dernières nouvelles de l'Univers et suivre l'actualité de l'observation du ciel, lisez **Autour du Ciel**, *le blog de Guillaume Cannat sur lemonde.fr, et suivez-le sur les réseaux sociaux.*

L'actualité du ciel
@GuillaumeCannat

www.lemonde.fr/blog/autourduciel/

Avec le site web associé à ce guide, vous pouvez obtenir des informations complémentaires, des cartes du ciel à imprimer, des images des astres à haute résolution et des liens directs vers les sites utiles pour votre pratique quotidienne du loisir astronomique.

www.leguideduciel.net/ON2022/

Image de couverture
Un cygne observe la conjonction du 13 décembre 2020 sur l'étang de l'Or, près de Montpellier.
© Guillaume Cannat

Vingtième année de parution

ISBN : 979-10-90238-34-3

Le ciel à l'œil nu

« Tout là-bas, au fin fond des tréfonds inexplorés et mal famés du bout du bas occidental de la galaxie, traîne un petit Soleil jaunâtre et minable. En orbite autour de celui-ci, à la distance approximative de cent cinquante millions de kilomètres, se trouve une petite planète bleu-vert totalement négligeable dont les habitants – descendus du singe – sont primitifs au point de croire encore que les montres à quartz numériques sont une sacré chouette idée. »

Douglas Adams, *Le Guide du voyageur galactique* (Denoël, 2010)

« La vie, phénomène terrestre, est en moi. Et comme tout vivant est constitué de molécules, lesquelles sont des assemblages d'atomes, lesquels sont des unions de particules, c'est tout le monde physique et l'histoire de l'univers qui sont en moi. »

Edgar Morin, *Leçons d'un siècle de vie* (Denoël, 2021)

Combien de nuits, de crépuscules ou d'aubes consacrez-vous aux étoiles, à la Lune et aux planètes chaque mois, chaque année ? J'espère que, contre vents et marées, ce nombre est en augmentation depuis vingt ans, et j'espère avoir, parfois, contribué à votre envie de sortir sous la voûte céleste.

Partager le plaisir que j'éprouve à la contemplation de notre environnement cosmique est ma motivation première, celle qui m'a poussé à rédiger des milliers de pages, à décrire des centaines de rendez-vous entre les planètes et la Lune, et à courir les nuits pour photographier les paysages que je voulais vous montrer.

Comme je le précisais déjà dans les précédentes éditions, mon ciel n'est pas exactement le vôtre, chacun de mes regards se nourrissant des milliers d'heures que je lui ai consacrées et des fragments de connaissances glanées au fil des ans, et si je ne peux suivre tous les méandres de vos pensées lorsque vous arpentez votre ciel, nous nous enrichissons mutuellement de nos échanges, et notre soif de savoir et de merveilleux s'en porte mieux.

J'écris ce livre chaque année pour vous permettre de vivre et de partager des moments intenses face au ciel, alors je vous souhaite sincèrement de nombreuses et très belles émotions astronomiques !

Guillaume Cannat

PS : j'achève la rédaction de ce livre au mois de juillet de l'année qui précède son millésime, il m'est donc impossible de parler des découvertes faites au long de l'année (pluies d'étoiles filantes, comètes, passages d'astéroïdes, observations de nuages noctiluques, etc.). Je vous invite à consulter régulièrement mon blog *Autour du Ciel* sur lemonde.fr pour suivre l'actualité de l'observation du ciel et compléter cet ouvrage.

Sommaire

Cahier pratique, encadrés et gros plans

Où, quand et comment observer le ciel ? **8**
S'offrir des jumelles ? **8**
Cajolez votre vision nocturne **10**
Des cônes et des bâtonnets **10**
Bâtonnets et vision décalée **10**
Favorisez votre vision nocturne **10**
Des cartes du ciel dans le bon sens **11**
Les directions de la Grande Ourse **12**
Les directions d'Orion **14**
Les Pleines Lunes de 2022 **24**
Une origine martienne pour la lumière zodiacale ? **32**
Voie lactée estivale en hiver **42**
Dimanche 27 mars, changement d'heure **45**
Un bon site pour observer **51**
Photographier une éclipse totale de Lune **61**
Les passages de la Station spatiale internationale et des Starlink **72**
Une nuit entière sous les étoiles **82**
Les nébuleuses obscures de la Voie lactée **92**
Ce que nous dit la couleur d'une étoile **102**
À la poursuite du *gegenschein* **112**
Repérez les mers lunaires à l'œil nu **122**
L'horloge de la Grande Ourse **142**
Déplacez-vous à la main entre les astres **143**

Janvier • Février • Mars

Les cartes du ciel de janvier 18
4 janvier Premier rendez-vous crépusculaire **20**
5 et 6 janvier Deux croissants pour Jupiter **21**
Du 6 au 10 janvier Vénus du soir et du matin **22**
29 et 30 janvier La longue marche de Mars **25**

Les cartes du ciel de février 28
2 et 3 février Dernière séance pour Jupiter **30**
7 février Maximum d'éclat pour Vénus **31**
27 février Rassemblement au cœur de l'hiver **34**
28 février Un défi pour Mercure et la Lune **35**

Les cartes du ciel de mars 38
8 mars Les croissants des Pléiades **40**
Du 13 au 19 mars Le couple du mois **41**
24 et 25 mars Un grand triangle planétaire **44**
28 mars La Lune sous le triangle **45**

Avril • Mai • Juin

Les cartes du ciel d'avril 48
4 et 5 avril Des Pléiades aux Hyades **50h**
5 avril Mars croise Saturne **50b**
24 et 25 avril Rendez-vous sous l'écliptique **52**
26 et 27 avril Rencontres lunaires à l'aube **53**
29 avril Mercure et les Pléiades **54**
30 avril Une planète double à l'est **55**

Les cartes du ciel de mai 58
1er mai Une seconde chance **60h**
2 mai Un croissant d'adieu **60b**
16 mai Une éclipse totale de Lune à l'aube **62**
22 mai Le quartier de Saturne **64h**
25 mai En route vers Jupiter **64b**
27 mai À ne pas manquer ! **65h**
29 mai Mars et Jupiter se mélangent **65b**

Les cartes du ciel de juin 68
17 juin Vénus salue le retour des Pléiades **70**
18 et 19 juin L'opposition en ligne de mire **71**
Du 21 au 23 juin Un petit tour dans la Baleine **74**
26 et 27 juin Toutes les planètes à l'aube **75**

Juillet • Août • Septembre

Les cartes du ciel de juillet 78
Nuit du 15 au 16 juillet Saturne et une grosse Lune **80**
19 juillet Jupiter, la Lune et Mira Ceti **81**
Du 21 au 23 juillet La Lune, de Mars aux Pléiades **84**
26 et 27 juillet Dernière à éclairer la nuit **85**

Les cartes du ciel d'août 88
Du 1er au 20 août Pour l'écliptique, reliez les points ! **90**
11 août Une nuit avec la Pleine Lune **91**
14 et 15 août L'éclat de Jupiter **94h**
19 et 20 août Et celui de Mars **94b**
25 et 26 août Vénus et le brillant esquif lunaire **95**

Les cartes du ciel de septembre 98
7 et 8 septembre Une promenade avec la Lune **100**
11 septembre L'éclat exceptionnel de Jupiter **101**
Du 15 au 17 septembre Amas de joyaux au méridien **104**
24 et 25 septembre Derniers croissants pour Vénus **105**

Octobre • Novembre • Décembre

Les cartes du ciel d'octobre 108
Jusqu'au 24 octobre Mercure à l'aube **110**
5 octobre Saturne et la Lune **111h**
8 octobre Un couple éclatant **111b**
Nuit du 14 au 15 octobre La Lune domine Mars **114h**
24 octobre Fin croissant pour Mercure **114b**
25 octobre Éclipse partielle de Soleil **115**

Les cartes du ciel de novembre 118
1er et 2 novembre Une Lune gibbeuse **120h**
4 novembre 1 650 fois plus loin **120b**
Nuit du 11 au 12 novembre Mars et Sirius à égalité **121**
Nuit du 17 au 18 novembre Verrons-nous quelques Léonides ? **124**
28 et 29 novembre Premier croissant pour Saturne **125**

Les cartes du ciel de décembre 128
1er et 2 décembre Jupiter au point vernal **130**
8 décembre La Pleine Lune occulte Mars **131**
8 décembre Opposition de Mars **132**
Du 13 au 15 décembre Étoiles filantes des Géminides **133**
24 et 25 décembre Un beau trio au couchant **134h**
26 décembre Une boule lunaire cendrée **134b**
29 décembre Le plein de planètes **135h**
29 décembre Un couple au sud **135b**

Adresses et ressources astronomiques 136
Lexique 139
Sources et remerciements 141

Où, quand et comment observer le ciel ?

Partout, tout le temps et comme on peut ! Cette réponse peut paraître simpliste, pourtant elle résume bien l'état d'esprit d'un passionné. S'il est difficile de faire des observations de nébuleuses et de galaxies de haute qualité dans un ciel fortement dégradé par la pollution lumineuse, un ciel urbain permet toutefois de très bonnes observations lunaires, solaires ou planétaires. Pratiquement tous les rendez-vous célestes proposés dans ces pages peuvent être admirés aussi bien en pleine ville qu'à la campagne. L'élément essentiel, outre les conditions météorologiques, est l'envie. Envie de sortir du lit un peu plus tôt pour admirer une rencontre avant le lever du Soleil ; envie de ressortir le soir si on n'a pas la chance d'avoir un balcon, une terrasse ou un jardin bien orienté pour débusquer les planètes dans les lueurs crépusculaires ; envie de lever régulièrement la tête pendant la journée, chaque fois que l'on passe près d'une fenêtre, pour guetter halos, arcs-en-ciel et autres météores. Après quelques observations, vous aurez vite découvert les bons sites autour de chez vous pour déguster une conjonction au-dessus de tel ou tel horizon, et vous vous serez bâti une carte mentale de vos points de vue, que vous choisirez au gré des saisons et des azimuts visés.

Ce qu'il faut impérativement retenir est que, généralement, la moindre complication nous sert souvent d'excuse pour ne pas sortir, surtout en hiver ! Il faut donc que l'acte de sortir devienne une habitude et que les lieux retenus soient proches et faciles d'accès. Pensez également à vous couvrir suffisamment pour rester au moins une demi-heure à l'extérieur : vêtements chauds, bonnet et, surtout, bonnes chaussures, même en été, parce que ce sont les pieds qui se refroidissent les premiers et qui vous donnent l'envie de rentrer.

Chacun doit faire son choix en fonction de ses envies et de ses moyens sur le « comment observer le ciel ». Personnellement, j'ai toujours des jumelles avec moi quand je sors, même si j'ai prévu d'observer à l'œil nu. Lunettes et télescopes permettent d'aller plus loin, de détailler un rapprochement particulièrement spectaculaire, une éclipse ou une occultation, mais ne sont nullement indispensables pour une pratique de l'astronomie au quotidien. Mais si vous attrapez le virus de l'observation, libre à vous d'investir un jour dans l'instrument de votre choix pour vous enfoncer dans les hautes futaies célestes à la découverte de la faune étrange du bestiaire cosmique.

S'offrir des jumelles ?

Si l'observation du ciel à l'œil nu est un plaisir dont on ne se lasse pas, l'utilisation d'instruments ouvre des perspectives inaccessibles autrement. Avant d'envisager l'achat d'une lunette ou d'un télescope, je pense que l'acquisition de jumelles s'impose. Vous les emporterez partout et elles vous serviront à bien d'autres observations – oiseaux, animaux sauvages, sites naturels, etc. Les jumelles rendent de grands services lorsque l'on cherche l'éclat d'une planète ou un petit arc lunaire dans un ciel crépusculaire vivement coloré. Elles sont faciles à régler, elles n'inversent pas les images par rapport à la vision à l'œil nu, et leur large champ – de 5 à 8 degrés – permet un repérage aisé des astres.

Avec des jumelles 7 x 40 – c'est-à-dire offrant un grossissement de 7 fois pour un diamètre de l'objectif de 40 millimètres –, vous distinguerez les plus grands cratères et les chaînes montagneuses lunaires, les satellites galiléens de Jupiter lorsqu'ils sont au plus loin de la planète, des dizaines d'amas stellaires globulaires ou ouverts, des nébuleuses, des étoiles doubles ou variables, et même quelques galaxies... Vous ne pourrez pas distinguer, en revanche, les anneaux de Saturne, qui exigent un grossissement d'une trentaine de fois avant d'apparaître ; seules les jumelles de très grands diamètres peuvent proposer de tels facteurs d'agrandissement dans de bonnes conditions. Méfiez-vous des jumelles équipées d'oculaires zoom, qui sont très rarement d'une qualité optique satisfaisante, sauf dans les très bonnes marques, mais elles sont alors très coûteuses !

Il existe en pratique deux grandes familles de jumelles astronomiques : celles avec lesquelles vous pourrez observer longtemps en les tenant à la main sans vous fatiguer et celles qui imposent l'usage d'un trépied. La limite entre les deux familles dépend essentiellement de l'utilisateur. Un enfant ne pourra pas porter des jumelles 7 x 50 pendant plus de quelques secondes, alors qu'un adulte ne ressentira leur poids qu'au bout de plusieurs minutes. Dans tous les cas, quelle que soit la forme ou la masse des jumelles, il faut savoir que seule leur installation sur un trépied permettra d'en tirer le meilleur parti. Vous pourrez alors tenter des observations plus délicates, comme celle des satellites de Jupiter, ou rechercher un astre dans un ciel très clair, ce qui exige une forte concentration qu'un tremblement intempestif des bras rend impossible.

S'il n'est vraiment pas nécessaire d'investir des sommes extravagantes dans vos premières jumelles, il est évident que celles que vous pourrez acquérir dans un supermarché pour moins de 100 euros ne seront pas en mesure de répondre aux exigences de précision de l'observation des astres, tout en étant, peut-être, parfaitement adaptées à l'observation de la nature en plein jour. Aujourd'hui, il semble qu'une somme de 100 à 200 euros soit un minimum pour disposer de jumelles astronomiques de base, et il faut atteindre 250 à 450 euros pour des jumelles de qualité ; les marques Celestron, Minolta, Pentax, Nikon, Fujinon, Perl-Vixen, Kowa proposent de très bons instruments dans ces prix. Le très haut de gamme est représenté par les sociétés Leica, Zeiss ou Swarovski ; les prix dépassent alors allègrement les 1 000 euros. Pourtant, si vous observez avec des jumelles 7 x 42 de Leica ou 7 x 50 de Swarovski, par exemple, vous constaterez immédiatement l'intérêt des traitements multicouches généralisés et de l'emploi des verres spéciaux pour la réalisation des prismes et des optiques, sans parler de la précision et de la fiabilité absolue de la mécanique ! Dans tous les cas, et quel que soit votre budget, je vous engage vivement à manipuler nombre de jumelles en magasin (voir page 137) avant tout achat car, à qualité optique identique, il existe toujours des différences dans la prise en main, l'équilibrage ou le revêtement, autant de données qui dépendent de chacun d'entre nous.

Cajolez votre vision nocturne

Pour profiter pleinement de la richesse des paysages cosmiques, il est indispensable d'avoir parfaitement préparé votre vision nocturne. L'œil s'adapte en permanence aux conditions de luminosité ambiantes. Le soir, lorsque vous éteignez toutes les lumières chez vous pour aller vous coucher, vous vous cognez parfois dans des meubles que vous distinguez mal, sauf si la lumière de l'éclairage public envahit votre logement. Attendez quelques minutes et les contours des objets apparaîtront là où tout semblait opaque grâce à l'installation progressive de votre vision nocturne. Une petite dizaine de minutes suffisent pour qu'elle soit opérationnelle à 80 %, mais il faut plus d'une demi-heure pour atteindre une acuité nocturne optimale. Il convient alors de demeurer dans l'obscurité, car la moindre source lumineuse un peu forte – lampe de poche blanche, phares d'une voiture, flamme d'un briquet, etc. – est éblouissante et annihile votre vision nocturne, vous contraignant à une nouvelle période de latence avant qu'elle ne se rétablisse.

Un autre point à connaître concerne la répartition des cellules rétiniennes que l'on utilise en vision nocturne, les bâtonnets. Elles sont réparties à la périphérie de la rétine, et vous obtiendrez donc un gain de sensibilité spectaculaire en dirigeant la lumière des astres faibles vers le bord de vos rétines. Pour cela, ne regardez jamais fixement un objet céleste peu brillant, mais observez très légèrement à côté – à vous de trouver l'endroit exact – afin que son image se forme en bordure de votre rétine. Judicieusement utilisée, cette « vision décalée » vous offrira une image bien plus lumineuse des objets célestes et vous permettra de repérer sans peine les amas et les nébuleuses de la Voie lactée ou d'Orion.

Plus lumineuse, certes, mais en noir et blanc ! Le dicton « la nuit, tous les chats sont gris » s'appuie sur une réalité physiologique incontournable : les bâtonnets ne sont pas sensibles aux couleurs. Ce sont les cônes, les cellules rétiniennes activées en vision diurne, qui nous font voir la vie en couleur. Même si elle est simplifiée, cette description permet déjà de comprendre que, pour apprécier la couleur d'un astre, il est indispensable de le regarder avec les cônes. La vision décalée n'est donc d'aucune utilité pour l'observation des planètes ou de la Lune. En contrepartie, lorsque vous observez des objets faibles et diffus et que vous devez souvent consulter une carte pour repérer un alignement stellaire avant d'atteindre l'objet souhaité, cette absence de sensibilité à la couleur permet d'éclairer votre atlas avec une lampe colorée, généralement en rouge, et très peu intense, qui ne dégrade pas votre vision nocturne.

Favorisez et protégez votre vision nocturne

Pour bien voir la nuit, il faut avoir protégé ses yeux dans la journée en évitant les expositions prolongées à de trop fortes lumières. Comme on ne peut tout de même pas rester cloîtré durant tout le jour, il faut minimiser les excès lumineux en portant des lunettes de soleil et éviter de passer la journée sur la plage ou sur une piste de ski ensoleillée avant une nuit d'observation. Sur un plan physiologique, il semble avéré qu'une alimentation riche en antioxydants améliore le fonctionnement de notre vision. De même, l'absorption d'aliments riches en bêta-carotène (carottes, abricots, myrtilles, épinards, etc.) favorise le stockage de la rhodopsine dans les bâtonnets – donc, avant et pendant vos vacances astronomiques, faites une cure de carottes râpées et de confiture de myrtilles ! Enfin, en vision nocturne, utilisez une lampe de très faible intensité pour vous déplacer ou pour consulter une carte du ciel ; privilégiez la couleur rouge, car avec l'orange, c'est la couleur qui vous éblouira le moins la nuit.

Des cartes du ciel dans le bon sens

Cet ouvrage vous propose des cartes mensuelles qui montrent l'aspect du ciel visible en France métropolitaine le soir après la fin du crépuscule astronomique et le matin à l'orée de l'aube. Si je les ai dessinées pour une latitude de 45° nord, elles sont, en pratique, utilisables sans trop de gêne entre 38° et 52° de latitude nord. À 52° nord, l'étoile Polaire sera un peu plus haute dans le ciel que sur la carte et les constellations représentées vers le sud seront plus proches de l'horizon (et inversement en observant à 38° nord). En fonction de la pollution lumineuse de votre site d'observation, vous pourrez voir plus ou moins d'étoiles ; de même, la Voie lactée ne barre le ciel d'un horizon à l'autre que dans les meilleurs sites. On me fait parfois la remarque que ces cartes sont « à l'envers » ; en regardant la carte de la page 18, vous constaterez en effet que l'est et l'ouest sont inversés par rapport à une carte géographique. Il ne s'agit pourtant pas d'une erreur ! L'usage veut que les cartes géographiques soient représentées comme si nous observions la Terre depuis un balcon : en plaçant le nord en haut, l'est se situe toujours à droite de la carte et l'ouest à gauche. Les cartes du ciel, quant à elles, sont représentées comme si nous étions allongés sur le sol pour contempler la voûte céleste, tête au nord et pieds au sud. Dans ce cas, comme vous pouvez le constater sur le schéma, l'est et l'ouest apparaissent inversés par rapport aux cartes géographiques, mais ils sont correctement disposés à l'aplomb des points cardinaux.

Les directions de la Grande Ourse

La Grande Ourse est l'une des constellations les plus connues et les plus faciles à identifier. Ses étoiles les plus brillantes sont visibles à l'œil nu, même en milieu urbain, et elles dessinent une grande figure surnommée la Casserole ou le Chariot. Aux latitudes européennes, la Casserole présente la particularité de ne jamais se coucher, elle est circumpolaire et elle frôle l'horizon nord avant de remonter à l'est. Ainsi, quelle que soit la nuit de l'année et l'heure de la nuit, en vous tenant face à un horizon nord dégagé et en balayant le ciel du regard du sol au zénith, vous trouverez inévitablement les sept étoiles de la Casserole, d'où l'intérêt de les utiliser pour partir à la découverte des autres constellations.

La Casserole est constituée d'un grand trapèze borné par les étoiles Dubhé, Mérak, Phecda et Megrez, auquel est attaché un manche dont la courbure est suggérée par Alioth, Mizar et Alkaïd. Selon la qualité de votre ciel (et de votre vue), vous verrez également l'étoile Alcor tout contre Mizar. L'alignement le plus connu permet de trouver la position de l'étoile Polaire et de la Petite Ourse. Il faut utiliser les étoiles Dubhé et Mérak, celles qui forment le bord du récipient opposé au manche. En traçant une ligne imaginaire qui irait du fond de la casserole vers l'extérieur et en y reportant cinq fois la distance entre ces deux étoiles, vous arriverez juste à côté du pivot du ciel. Tant que vous y êtes, si vous prolongez cette ligne encore cinq fois, vous atteindrez le fameux W tracé par les étoiles de Cassiopée. Puisque vous savez retrouver l'étoile Polaire, vous pouvez également choisir de prolonger la ligne allant d'Alioth à la Polaire pour rejoindre Cassiopée.

Prolongez à présent la courbe ébauchée par les étoiles du manche en vous éloignant du récipient, c'est-à-dire en allant de Megrez vers Alkaïd. À près de deux fois la longueur du manche, l'éclatante Arcturus du Bouvier borne votre chemin et, deux longueurs plus loin, vous découvrez Spica de la Vierge. Poursuivez cette longue courbe et vous arriverez à côté du Corbeau, mais les étoiles de cette petite constellation sont bien moins lumineuses qu'Arcturus ou Spica et il peut se révéler délicat de les voir dans un ciel urbain dégradé par la pollution lumineuse. Notez que, si vous partez dans l'autre sens, d'Alkaïd vers Megrez, la courbe vous entraînera alors vers les étoiles Castor et Pollux des Gémeaux et Procyon du Petit Chien.

L'alignement Megrez-Phecda vous indique la direction du Lion. Il faut compter une dizaine de fois la distance entre ces deux astres pour voyager jusqu'à Régulus, mais le compte n'a pas besoin d'être rigoureux parce que c'est l'étoile la plus brillante de cette portion du ciel et votre œil sera vite aimanté par son éclat. Si vous prenez l'alignement dans le sens Phecda-Megrez, vous partirez vers la constellation du Cygne. Deneb, son étoile principale, brille au zénith en été.

Un dernier alignement, celui qui va de Megrez vers Dubhé, vous permet de glisser en direction de Capella du Cocher, l'une des étoiles les plus brillantes de l'hémisphère Nord. Selon votre position géographique en Europe, Capella se couche durant quelques heures ou reste circumpolaire comme la Casserole. Tout au long de votre promenade de découverte, gardez à l'esprit que le ciel est vaste et que les distance apparentes sont bien plus impressionnantes en réalité que sur les cartes. La distance apparente entre Dubhé et Capella est ainsi de pratiquement 50°, ce qui représente plus de deux fois l'étendue de votre main grande ouverte bras tendu.

LÉZARD
Deneb
CYGNE
ANDROMÈDE
CASSIOPÉE
Caph
Almach
LYRE
Aldéramin
CÉPHÉE
Véga
Algol
Eltanin
GIRAFE
PERSÉE
Mirfak
PETITE OURSE
DRAGON
Polaire
HERCULE
Kochab
Capella
COURONNE BORÉALE
Megrez
Alioth
Alcor
Mizar
Alkaïd
Dubhé
Mérak
Phecda
LYNX
COCHER
Alphecca
GRANDE OURSE
BOUVIER
Castor
GÉMEAUX
PETIT LION
Cor Caroli
Pollux
Arcturus
CHEVELURE DE BÉRÉNICE
CANCER
LION
Denebola
PETIT CHIEN
Régulus
Procyon
VIERGE
HYDRE FEMELLE
Porrima
Spica
Alphard
Algorab
COUPE
POUPE
Alkes
CORBEAU
BOUSSOLE

Les directions d'Orion

La constellation d'Orion peut vous servir de table d'orientation pour découvrir les étoiles et les figures célestes qui l'entourent. Consultez la page 143 pour évaluer les distances dans le ciel avec vos mains. Au début des soirées hivernales, Orion domine l'horizon sud-est moins de deux heures après le coucher du Soleil ; en milieu de soirée, elle surplombe le sud et, plus tard dans la nuit, elle glisse progressivement vers l'horizon ouest. Commencez votre apprentissage en repérant les trois étoiles sensiblement du même éclat et pratiquement alignées qui marquent le centre d'Orion. Elles sont faciles à distinguer, même dans un ciel urbain de qualité moyenne, et vous les avez sûrement déjà remarquées s'il vous arrive de regarder la voûte céleste : elles s'appellent Alnitak, Alnilam et Mintaka, mais on les surnomme souvent les Trois Rois ou le baudrier d'Orion. Orion, grand chasseur dans la mythologie grecque, est représenté debout sur la voûte céleste dans l'hémisphère Nord : Bételgeuse et Bellatrix marquent ses épaules, Meissa sa tête, Rigel et Saiph ses jambes, et les trois rois symbolisent le baudrier auquel son épée est suspendue.

En prolongeant l'alignement des trois rois vers l'horizon sud-est sur une vingtaine de degrés, soit la largeur de votre main grande ouverte bras tendu, vous arriverez à Sirius. Il s'agit de l'étoile la plus brillante de l'ensemble de la sphère céleste ; sa magnitude est de - 1,4 et elle attire inéluctablement le regard car on a l'impression de la voir clignoter et changer rapidement de couleur à cause de la turbulence de l'atmosphère terrestre. Sirius n'est pas une étoile particulièrement gigantesque, mais elle a l'avantage d'être l'une des plus proches du Soleil, à 8,6 années-lumière seulement, ce qui lui permet de briller bien plus vivement que certaines de ses voisines physiquement plus grosses, mais beaucoup plus éloignées de nous.

Revenez aux trois rois et partez dans l'autre direction pour atteindre Aldébaran, l'étoile principale du Taureau. Si vous prolongez votre course, vous arriverez à côté du petit groupe scintillant de l'amas ouvert des Pléiades, mais il est un peu en dehors du champ de cette image. Dans un rayon d'une dizaine de degrés autour des trois rois, quatre étoiles dessinent un vaste quadrilatère : Bételgeuse, Bellatrix, Rigel et Saiph. Bételgeuse et Bellatrix sont au nord des trois rois, Rigel et Saiph au sud. Notez que l'équateur céleste, la projection sur le ciel de l'équateur terrestre, passe au ras de Mintaka.

Rigel la bleue et Bételgeuse l'orangée sont les étoiles les plus brillantes d'Orion. Prolongez leur alignement et vous arriverez dans la constellation des Gémeaux, où scintillent Castor et Pollux. Quant à l'alignement que vous pouvez imaginer avec Bellatrix et Bételgeuse, il vous mènera à Procyon du Petit Chien, une autre étoile éclatante de cette portion du ciel. Enfin, en remontant vers le sommet du ciel depuis les trois rois tout en passant à mi-distance entre Bételgeuse et Bellatrix, vous croiserez rapidement Meissa, la tête d'Orion, puis vous parviendrez longtemps après à Capella du Cocher.

Une fois que vous aurez repéré toutes ces étoiles éclatantes autour d'Orion, vous pourrez dessiner sur le ciel l'hexagone et le triangle d'hiver. Ce sont deux figures informelles, des astérismes, qui rassemblent des étoiles appartenant à différentes constellations. L'étape suivante consiste à reconnaître la forme des constellations auxquelles elles appartiennent. Pour cela, utilisez les cartes du ciel disponibles au début de chaque mois dans cet ouvrage.

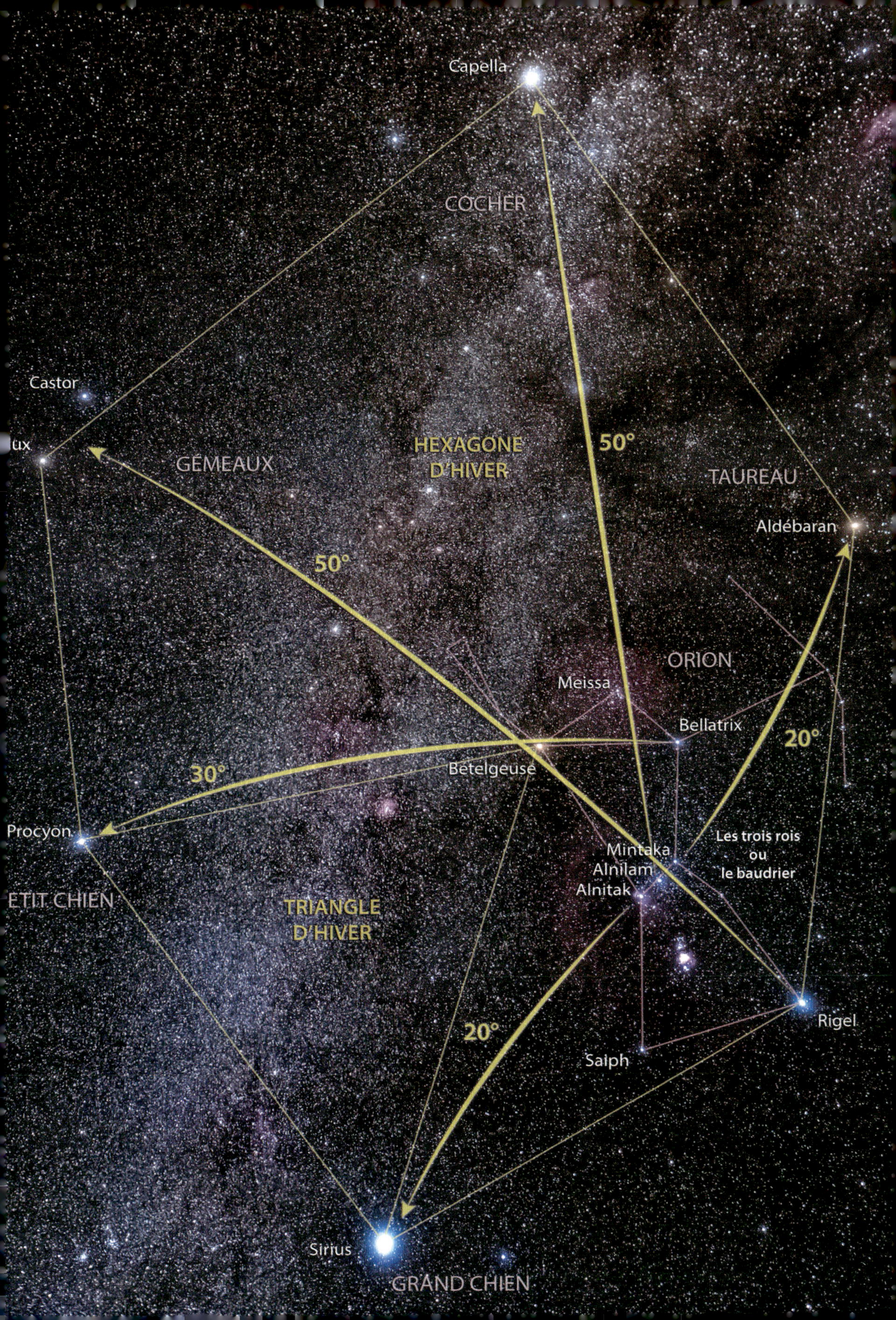
Capella
COCHER
Castor
ux
GÉMEAUX
HEXAGONE
D'HIVER
50°
TAUREAU
Aldébaran
50°
ORION
Meissa
Bellatrix
20°
30°
Betelgeuse
Procyon
Mintaka
Alnilam
Alnitak
Les trois rois
ou
le baudrier
ETIT CHIEN
TRIANGLE
D'HIVER
Rigel
20°
Saiph
Sirius
GRAND CHIEN

Nouvelle Lune le 2
Sagittaire

Premier Quartier le 9
Poissons

Pleine Lune le 18*
Cancer

Dernier Quartier le 25
Vierge

* Le 17 en temps universel

À L'AFFICHE DU CIEL

- **Le croissant lunaire du soir :** du 4 au 8
- **La Lune gibbeuse et pleine :** du 11 au 24
- **Le croissant lunaire du matin :** le 1er et du 27 au 30
- **Le ciel sans la Lune :** le 2, le 3 et le 31
- **La planète Mercure :** au crépuscule avant le 15, à l'ouest-sud-ouest
- **La planète Vénus :** au crépuscule jusqu'au 9, à l'ouest-sud-ouest, et à l'aube à partir du 7, à l'est-sud-est
- **La planète Mars :** à l'aube, de l'est-sud-est au sud-est
- **La planète Jupiter :** en début de nuit, à l'ouest-sud-ouest
- **La planète Saturne :** au crépuscule avant le 10, à l'ouest-sud-ouest

Lever et coucher du Soleil, le 15

ville	lever	coucher
Annecy	8h13	17h17
Bayonne	8h36	17h55
Guéret	8h31	17h33
Lille	8h43	17h12
Nice	8h02	17h19
Paris	8h39	17h22
Quimper	9h01	17h51
Rochefort	8h42	17h45
Strasbourg	8h16	17h01
Toulouse	8h25	17h43

Tous les horaires sont donnés en heure légale française (temps universel + 1 h).

Janvier

Le froid a durci le jour. Gainés de glace, les sapins cliquettent dans l'obscurité croissante. La porte bleue s'ouvre sur la nuit, appelant les astres, libérant l'humeur sanglante du soir. Saoulés par l'air agité, les visiteurs s'éloignent dans la pénombre, délaissant l'ailleurs incertain pour une bouillie d'illusions aveuglantes. Je reste seul sur ce chemin de neige poli par les vents irraisonnés de l'hiver et mes yeux d'orpailleur tamisent le crépuscule orangé à la recherche d'éclats fragiles, quelques planètes fatiguées qui seront bientôt rejointes par des milliers d'étoiles frissonnantes. Véga entraîne un large pan de Voie lactée vers le causse que je devine au nord et la vague immense de la lumière zodiacale déferle sur l'ouest, là où le Soleil se tenait il y a une heure à peine. Tellement inconsistante, mais tellement belle, comme l'écho opalin des poussières qui parcourent le Système solaire. La nuit s'installe enfin et la réponse de la terre est immédiate puisqu'un brouillard épais monte des vallées, lèche les pentes de l'Aigoual, s'empare du ciel et le libère avant de le conquérir encore et encore, ne laissant bientôt qu'Orion à l'est et puis plus rien qu'une blancheur verglaçante qui m'absorbe et me rejette loin du sommet.

Certaines nuits d'hiver dans le nord de l'Europe, l'éclat des aurores boréales est tellement intense que les paysages enneigés se parent d'un étrange reflet verdâtre et que les lacs glacés reflètent sans peine les draperies fantasmagoriques. En bas à droite du ciel, sur cette image prise par l'astrophotographe Adrien Mauduit, on reconnaît le petit diadème étoilé de la Couronne boréale. À la même hauteur, sur la gauche, brille Altaïr de l'Aigle ; Deneb du Cygne est à droite de la plus haute branche et Véga peine à s'imposer en plein cœur de l'aurore. Technique : boîtier Canon EOS 6D avec un objectif de 14 mm diaphragmé à 2,8 et une pose de 1,9 seconde à 6 400 ISO.

Le ciel du soir

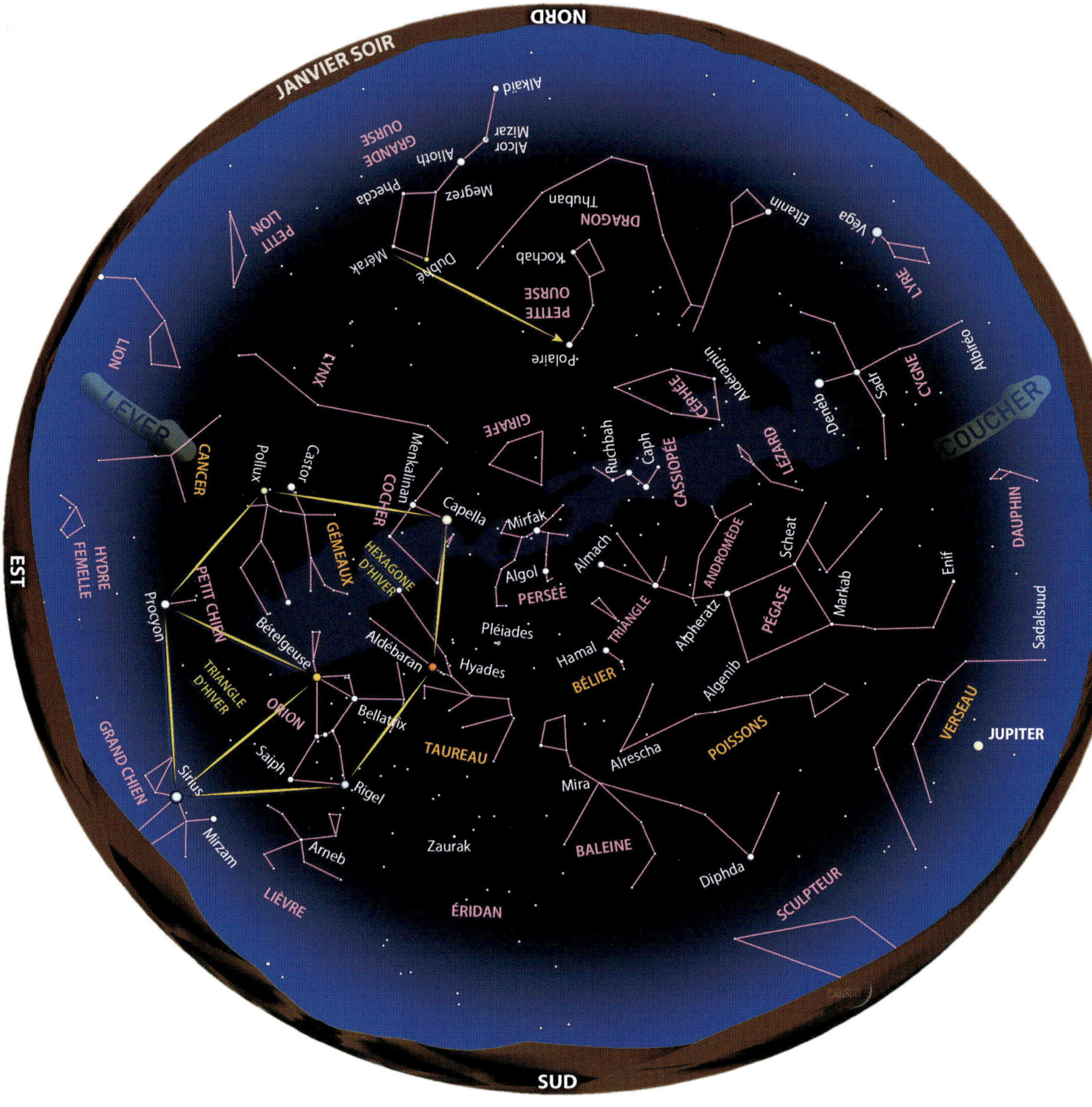

Les observations du ciel peuvent commencer très tôt en janvier et durer plus de onze heures pour les plus motivés ! Une heure à peine après le coucher du Soleil, Orion apparaît au-dessus de l'horizon est et le point éclatant de Jupiter attire les regards vers le sud-ouest. Un peu plus tard, aussi bien en ville qu'en pleine nature, les trois étoiles alignées de la ceinture d'Orion – Alnitak, Alnilam et Mintaka – permettent d'identifier sans ambiguïté cette grande constellation. Autour de ce trio que l'on surnomme souvent les Trois Rois, Bételgeuse, Bellatrix, Rigel et Saiph tracent un vaste parallélogramme : la distance entre Bételgeuse et Rigel est d'une vingtaine de degrés (voir page 143). Les bras d'Orion agrandissent cette figure incontournable du ciel hivernal : dans une main, ce chasseur tient une massue qui s'élève vers les Gémeaux, dans l'autre il brandit un bouclier ou une peau de bête devant le mufle du Taureau. Encore plus tard dans la soirée, quand Orion chemine au-dessus de l'horizon sud, il est facile de repérer sur sa gauche et un peu plus

Le ciel à l'orée de l'aube

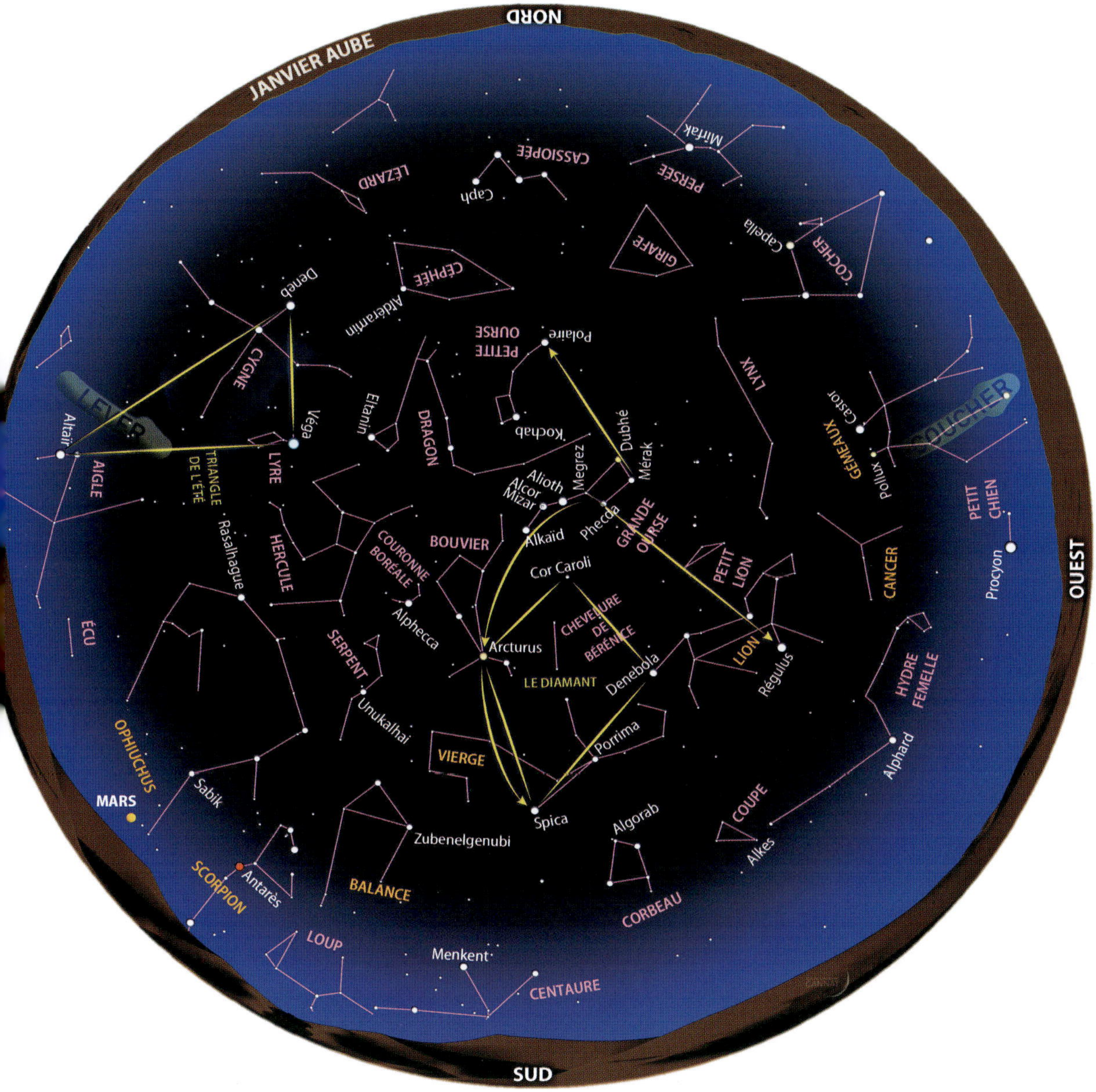

près de l'horizon l'éclat étourdissant de Sirius du Grand Chien, l'étoile la plus brillante de la sphère céleste, que la turbulence atmosphérique fait vivement scintiller. Bételgeuse, Sirius et Procyon (Petit Chien) délimitent le Triangle d'hiver. Remplacez Bételgeuse par Rigel et ajoutez Pollux des Gémeaux, Capella du Cocher et Aldébaran du Taureau pour dessiner l'immense Hexagone d'hiver. Si vous vivez sous un ciel dégradé par la pollution lumineuse, les étoiles très brillantes qui bornent le triangle et l'hexagone sont généralement visibles. Consacrez une sortie sous un ciel de meilleure qualité à une découverte plus complète des constellations hivernales. Au fil de la nuit, la rotation terrestre emporte les astres vers l'ouest et les constellations du printemps (Lion, Vierge, Corbeau) puis de l'été (Cygne, Lyre, Scorpion) font leur apparition du côté est de la voûte céleste.

Consultez la page 11 pour en savoir plus sur l'utilisation de ces cartes du ciel.

La position des planètes est précise pour le 15 du mois.

4 janvier

Premier rendez-vous crépusculaire

Mercure poursuit son remarquable passage dans le ciel du soir en ce début d'année. Son éclat est puissant et permet de la repérer sans peine à l'œil nu au-dessus de l'horizon ouest-sud-ouest une heure après le coucher du Soleil. Il faut cependant bien choisir son site d'observation car cette planète est à moins de trois degrés de hauteur – c'est moins que la hauteur de votre pouce bras tendu (voir page 143) – et un obstacle naturel ou artificiel sur la ligne d'horizon peut aisément la cacher. La planète la plus proche du Soleil est actuellement près de quatre fois plus éclatante que Saturne, qui brille une dizaine de degrés plus haut dans le ciel, et il faut donc attendre que le crépuscule s'assombrisse pour parvenir à distinguer cette dernière sans instrument. Le mardi 4 janvier, une heure et quart après le départ du disque solaire, la Lune est vraiment splendide sur la gauche de ces deux planètes. Le Soleil éclaire directement son mince croissant et indirectement le reste de son globe puisque celui-ci est révélé par le reflet de l'éclat solaire sur la Terre – ce que l'on appelle la lumière cendrée.

Mardi 4 janvier 2022 au crépuscule, une heure et quart après le coucher du Soleil, un mince croissant tient compagnie aux planètes Mercure et Saturne à quelques degrés de hauteur au-dessus de l'horizon ouest-sud-ouest ; la lumière cendrée donne un volume exquis au globe lunaire.

5 et 6 janvier

Deux croissants pour Jupiter

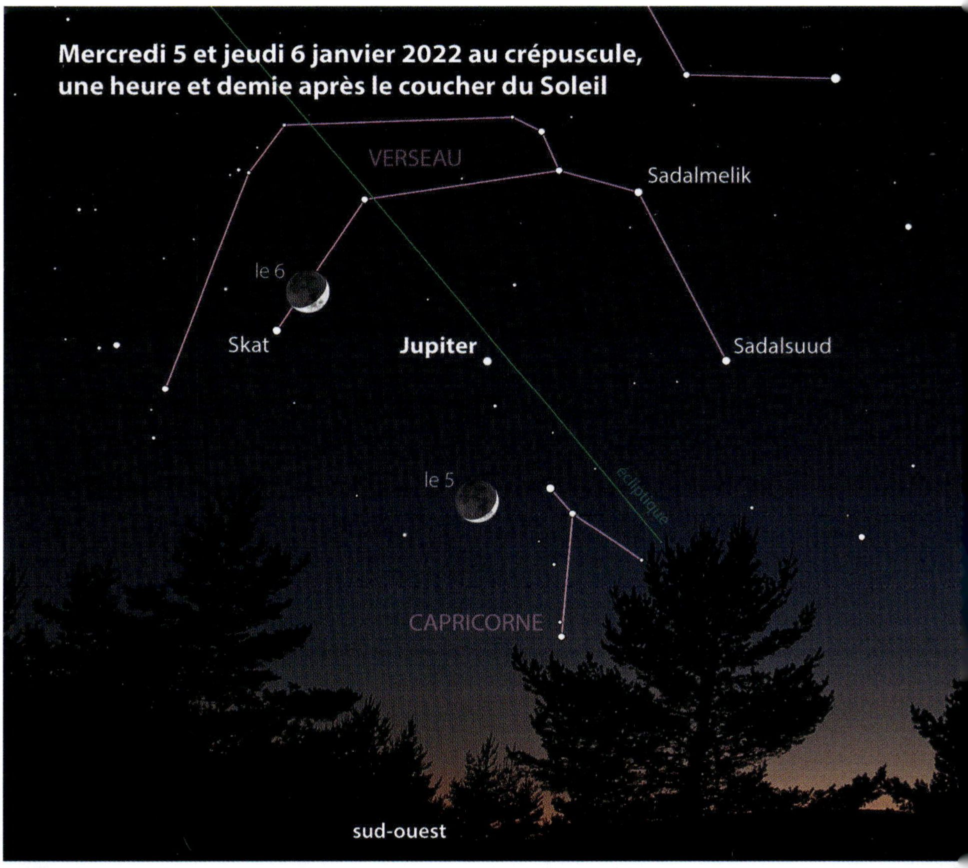

Mercredi 5 et jeudi 6 janvier 2022 au crépuscule, une heure et demie après le coucher du Soleil, la Lune et sa belle lumière cendrée sont superbes à côté de Jupiter. Ces astres sont visibles à plus de quinze degrés de hauteur au-dessus de l'horizon sud-ouest.

Après de longs mois passés à nous tenir compagnie au fil de la nuit, Jupiter glisse progressivement vers la zone crépusculaire. Le mercredi 5 et le jeudi 6 janvier, une heure et demie après le coucher du Soleil, elle est installée à une vingtaine de degrés au-dessus de l'horizon sud-ouest et son éclat d'un blanc très pur est difficile à manquer, même dans un environnement urbain. Elle est d'autant plus facile à repérer que le croissant lunaire brille juste en dessous le 5 et au-dessus légèrement sur sa gauche le 6. L'écart entre ces deux astres est inférieur à dix degrés, soit un peu moins que la largeur de votre poing bras tendu. Si vous possédez un instrument, une lunette ou un télescope, profitez des premières semaines de l'année pour observer cette géante gazeuse : un grossissement d'une cinquantaine de fois avec une lunette de 60 mm de diamètre permet déjà de voir les bandes nuageuses plus sombres qui marquent les régions équatoriales de la plus grosse planète du Système solaire. Avant la fin du mois, Jupiter sera trop proche de l'horizon après le départ du Soleil et la turbulence atmosphérique beaucoup plus importante empêchera de réaliser des observations de qualité.

Du 6 au 10 janvier

Vénus du soir et du matin

Comme tous les huit ans, la position de Vénus par rapport au Soleil lors de sa conjonction inférieure, c'est-à-dire lorsqu'elle passe entre le Soleil et la Terre, est favorable pour réaliser une série d'observations inhabituelles aux latitudes européennes. Entre le jeudi 6 et le lundi 10 janvier, il sera en effet possible de repérer Vénus le soir juste après le coucher du Soleil et, quelques heures plus tard, de la retrouver à l'aube juste avant le lever du Soleil. Si Vénus tournait dans le même plan que la Terre autour du Soleil, elle passerait devant le disque solaire lors de chaque conjonction inférieure. Dans la réalité, la petite inclinaison de l'orbite de cette planète change la donne et ses transits solaires se révèlent rarissimes. Nous avons eu la chance d'en observer deux – le 8 juin 2004 et le 6 juin 2012 –, mais le prochain ne se produira pas avant décembre 2117 !

Lors de l'immense majorité de ses conjonctions inférieures, Vénus glisse au nord ou au sud du Soleil et son écart apparent avec le centre de l'astre du jour peut atteindre cinq degrés. Nous sommes dans cette configuration pour la conjonction inférieure de Vénus qui se produit le 9 janvier 2022 et une chasse vénusienne s'impose. Elle est d'autant plus passionnante que cette planète se situe alors au plus près de la Terre, ce qui lui confère un diamètre apparent supérieur à une minute d'arc, soit un trentième du diamètre apparent

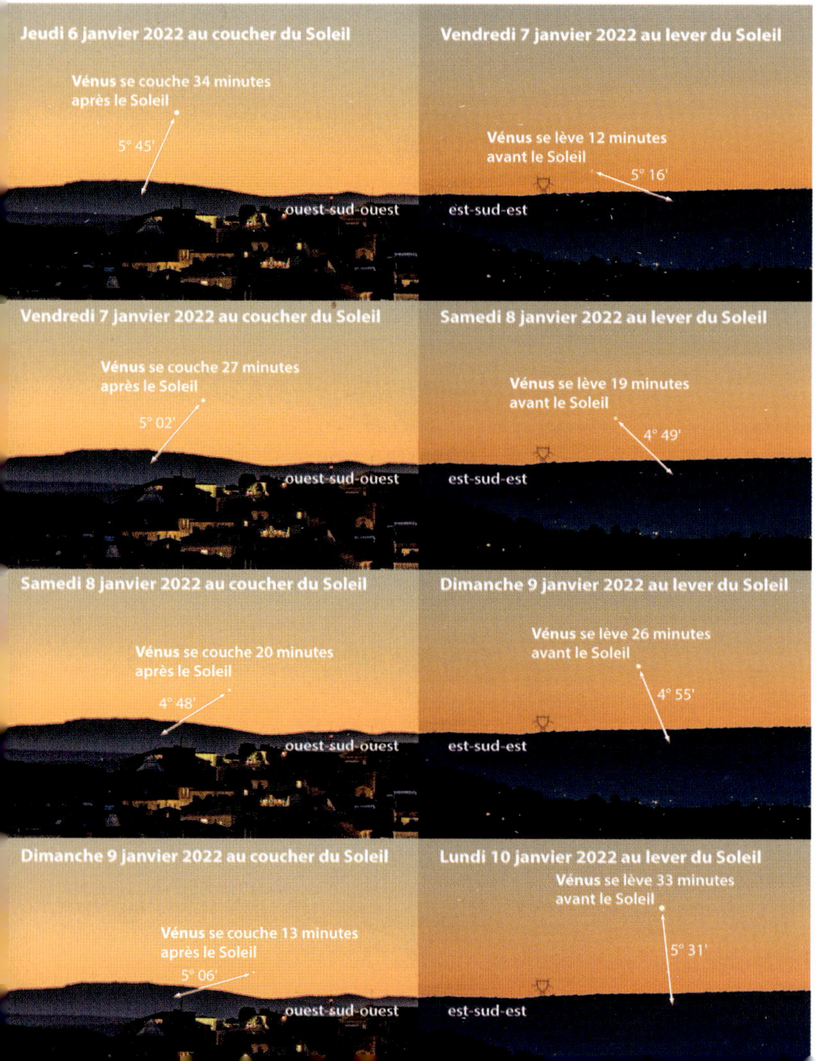

Entre le jeudi 6 et le lundi 10 janvier 2022, tentez de repérer Vénus dans le ciel crépusculaire juste après le coucher du Soleil et de la retrouver quelques heures plus tard dans le ciel de l'aube juste avant le lever du Soleil ! Il s'agit d'une observation délicate pour laquelle vous devrez utiliser des jumelles pour faciliter vos recherches et pour apprécier la splendeur du très fin croissant vénusien. Une atmosphère limpide est un atout et quelques nuages ne doivent pas vous décourager. Les chances de réussite de cette double observation sont optimales du vendredi 7 au dimanche 9 janvier.

de la Pleine Lune. C'est trop peu pour qu'il soit possible de distinguer son croissant à l'œil nu, mais des jumelles avec un grossissement de sept fois sont suffisantes pour l'admirer ; fixez-les sur un trépied photographique pour qu'elles soient bien stables.

Avant toute autre recommandation, je dois insister sur le fait que ces observations se déroulent à proximité du Soleil et qu'il ne faut en aucun cas observer ce dernier avec un instrument optique, même si son éclat vous semble amoindri au ras de l'horizon : les brûlures rétiniennes qu'une telle observation peut engendrer sont irréversibles.

Avec la diminution quotidienne de la séparation apparente entre Vénus et le Soleil, cette planète se couche chaque soir un peu plus tôt et plonge au sein de la clarté de plus en plus vive du crépuscule. Essayez de repérer Vénus au-dessus de l'horizon ouest-sud-ouest dès les premiers soirs de l'année pour vous familiariser avec sa brillance et avec la région du ciel où vous devrez mener vos recherches. L'éclat de Vénus est tel que l'on peut distinguer cette planète en plein jour dans un ciel bleu, mais plus elle se rapproche de l'horizon, plus l'absorption atmosphérique, la brume ou la pollution vous compliqueront la tâche, sans parler des obstacles naturels ou artificiels. Vous pouvez choisir un site en pleine ville ou à la campagne car la pollution lumineuse n'a pas d'importance dans ce cas, puisque vos recherches se déroulent au crépuscule et à l'aube ; l'essentiel est de bénéficier du ciel le plus limpide possible.

Les illustrations voisines récapitulent toutes les informations nécessaires pour lancer vos recherches visuelles entre le 6 et le 10 janvier. Même si vous parvenez à distinguer Vénus à l'œil nu dans un second temps, je vous conseille de commencer avec des jumelles juste après le coucher du Soleil ou avant son lever. Le soir, utilisez le croissant lunaire qui est présent un peu plus haut dans le ciel pour régler parfaitement la mise au point et n'y touchez plus jusqu'au lendemain matin. Je vous rappelle que la hauteur de votre pouce bras tendu est proche de cinq degrés, soit l'écart entre le Soleil et Vénus lors de cette conjonction inférieure, donc, en plaçant la base du pouce au niveau du Soleil caché par l'horizon et en l'inclinant comme sur les illustrations, cela vous indiquera assez précisément la zone dans laquelle vous devrez chercher Vénus. D'autre part, les jumelles possédant un grossissement de sept à dix fois offrant généralement un champ visuel supérieur à cinq degrés, placez le Soleil caché par l'horizon dans la portion inférieure du champ et vous pourrez trouver Vénus en suivant l'inclinaison indiquée pour la date. Pour les observations à l'aube, commencez par noter la position du Soleil à son lever lors des matins précédents pour savoir où effectuer vos recherches à partir du 7 janvier ; à cette période de l'année, le Soleil se décale chaque jour d'un demi-diamètre vers l'est.

Cette image prise le 19 juin 2020, quelques jours après la précédente conjonction inférieure de Vénus et juste avant son occultation par la Lune, vous permet d'apprécier la taille du croissant vénusien.
© Guillaume Cannat

Les Pleines Lunes de 2022

Les levers et couchers de la Pleine Lune sont des instants privilégiés pour déguster sereinement la beauté du monde qui nous entoure et, lunaison après lunaison, je tente de les observer et de les photographier quand je le peux et que la météo joue le jeu. À l'œil nu, la face lunaire nous semble généralement bien ronde durant une paire de jours autour de l'heure précise de la Pleine Lune, ce qui augmente les chances de pouvoir admirer son lever le soir ou son coucher le matin. Contempler l'apparition de la Pleine Lune, ce n'est pas seulement suivre l'éclosion d'un petit œuf à l'horizon – n'oubliez pas que le diamètre apparent de la Pleine Lune est proche d'un demi-degré et qu'il faudrait donc en poser près de 700 l'une à côté de l'autre pour faire le tour de l'horizon –, c'est une ambiance lumineuse très particulière qui évolue selon l'instant où le globe sélène se hisse dans le ciel, juste avant ou après le coucher du Soleil, et la manière dont l'atmosphère le déforme et le pare de teintes crépusculaires. C'est aussi un moment idéal pour s'imprégner des odeurs et de l'environnement sonore qui se modifient magnifiquement à la fin du jour et à l'aube selon la saison et selon que l'on se situe en ville ou en pleine nature. Voici donc vos rendez-vous avec la Pleine Lune en 2022. Si vous souhaitez savoir où se lèvera/couchera Séléné pour un site d'observation particulier, utilisez les applications The Photographer's Ephemeris et PhotoPills.

Date	Heure TL	Constellation	Distance	Diamètre apparent	Hauteur au méridien	
18 janvier	0 h 48 m	Cancer	401 024 km	29,8′	69°	1
16 février	17 h 56 m	Lion	391 889 km	30,5′	60°	
18 mars	8 h 18 m	Vierge	380 829 km	31,4′	51°	
16 avril	20 h 55 m	Vierge	370 264 km	32,3′	35°	
16 mai	6 h 14 m	Balance	362 127 km	33,0′	21°	2
14 juin	13 h 52 m	Ophiuchus	357 656 km	33,4′	17°	3
13 juillet	20 h 38 m	Sagittaire	357 418 km	33,4′	18°	4
12 août	3 h 36 m	Capricorne	361 412 km	33,1′	24°	
10 septembre	11 h 59 m	Verseau	369 131 km	32,4′	39°	
9 octobre	22 h 55 m	Poissons	379 483 km	31,5′	56°	
8 novembre	12 h 02 m	Bélier	390 660 km	30,6′	64°	
8 décembre	5 h 08 m	Taureau	400 239 km	29,9′	72°	5

L'heure légale de chaque Pleine Lune est valable pour la France métropolitaine.

1. Il s'agit de la plus petite Pleine Lune de l'année 2022. En temps universel, cette Pleine Lune se produit le 17 janvier à 23 h 48 m.
2. Une éclipse totale de Lune se produit et elle est observable en France métropolitaine.
3. Cette Pleine Lune franchit le méridien à seulement dix-sept degrés de hauteur.
4. Il s'agit de la plus grosse Pleine Lune en 2022, mais celle du 14 juin est à peine moins grande.
5. Cette Pleine Lune franchit le méridien à plus de soixante-douze degrés de hauteur.

Si l'on pouvait admirer côte à côte dans le ciel une Pleine Lune au plus près de la Terre (périgée), comme ici à gauche, et une autre au plus loin (apogée), la différence de leur diamètre apparent serait bien visible à l'œil nu. Mais, dans la pratique, il est délicat d'estimer visuellement une si petite variation du diamètre apparent à six mois d'intervalle. D'autant plus que le cerveau a tendance à nous jouer des tours en exagérant plus ou moins la dimension apparente de la Lune lorsqu'elle se situe à l'horizon. En photographiant avec exactement le même matériel la plus petite Pleine Lune de l'année et, quelques mois plus tard, la plus grande, la différence de taille est en revanche évidente.

La longue marche de Mars

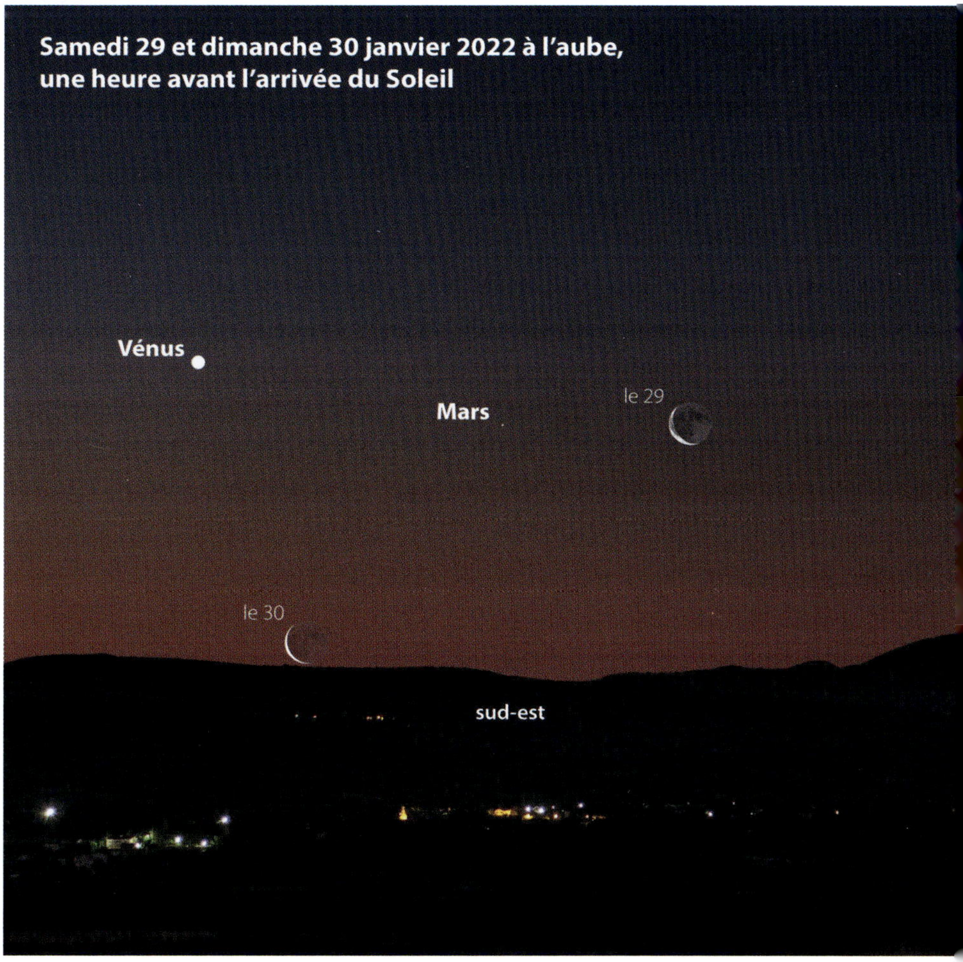

Samedi 29 et dimanche 30 janvier 2022 à l'aube, une heure avant l'arrivée du Soleil, ne manquez pas le regroupement de la Lune, Vénus et Mars. Ces astres sont visibles entre cinq et dix degrés au-dessus de l'horizon sud-est le 29 et, le 30, le mince croissant lunaire luit pratiquement au ras du sol à la même heure.

En réapparaissant dans le ciel de l'aube à la fin de l'année dernière, la planète rouge a entamé une longue marche vers sa prochaine opposition. Nous allons suivre sa progression le long de l'écliptique jusqu'au 8 décembre 2022, jour où elle s'alignera dans l'espace avec le Soleil et la Terre. Elle croisera nombre de planètes en chemin et son éclat sera multiplié par vingt par rapport à celui qu'elle affiche lors de cette rencontre hivernale avec la vieille Lune. Le samedi 29 et le dimanche 30 janvier à l'aube, une heure avant le lever du Soleil, son petit éclat orangé est loin d'être impressionnant si on le compare à celui de Vénus, qui brille 250 fois plus fort à une dizaine de degrés sur sa gauche (vers l'est). Ces deux planètes surplombent l'horizon sud-est de moins de dix degrés et la Lune s'aligne avec elles le 29 avant de filer vers le Soleil. Le 30 à la même heure, elle se lève tout juste et il faut vraiment choisir un site offrant un horizon parfaitement dégagé pour parvenir à la repérer avant que le ciel ne devienne trop lumineux.

Février

Le singe et moi regardions les étoiles envahir le bol nocturne par milliers avec, à nos pieds, le froissement soyeux des herbes sèches agitées par les bourrasques d'un vent du nord obstiné. La lumière zodiacale avait atteint son éclat maximal alors que le Soleil s'enfonçait sous l'horizon et son intensité rivalisait sans peine avec celle de la Voie lactée voisine. Les images que j'accumulais accentueraient sa splendeur, je le savais, mais ce reflet diaphane de la blancheur du jour était déjà évident à l'œil nu et donnait une profondeur majestueuse au ciel qui m'enveloppait en rendant palpables les myriades de poussières qui orbitaient autour du Soleil comme autant d'infimes planètes. Les heures passaient et cette lueur fantomatique n'en finissait pas de mourir, semblant s'allonger encore et encore alors que la rotation de la Terre la rejetait vers l'ouest et que la sensibilité de ma vision augmentait. Je me tournai vers le singe dont la silhouette sombre se découpait devant les étoiles ; il était resté immobile au fil des heures, son regard aspiré comme le mien par la course des astres. La fatigue n'avait pas de prise sur nous, et s'il emprisonnait ses souvenirs au plus dur de son granit, les miens tourbillonnaient dans ma mémoire, cherchant des replis heureux pour y demeurer à jamais.

Nouvelle Lune le 1er
Capricorne

Premier Quartier le 8
Bélier

Pleine Lune le 16
Lion

À L'AFFICHE DU CIEL

- **Le croissant lunaire du soir :** du 2 au 6
- **La Lune gibbeuse et pleine :** du 9 au 22
- **Le croissant lunaire du matin :** du 25 au 28
- **Le ciel sans la Lune :** le 1er
- **La planète Mercure :** à l'aube après le 12, basse à l'est-sud-est

Lever et coucher du Soleil, le 15

ville	lever	coucher
Annecy	7h38	18h02
Bayonne	8h04	18h36
Guéret	7h56	18h18
Lille	8h00	18h05
Nice	7h30	18h01
Paris	7h59	18h11
Quimper	8h23	18h39
Rochefort	8h07	18h30
Strasbourg	7h37	17h50
Toulouse	7h53	18h24

Tous les horaires sont donnés en heure légale française (temps universel + 1 h).

Des millénaires d'érosion ont donné le profil d'un grand singe à ce tas de blocs granitiques posés au hasard du Lingas, au sud des Cévennes, et je passe régulièrement la nuit en sa compagnie silencieuse. L'hiver, il regarde imperturbablement la lumière zodiacale qui s'élance dans le ciel crépusculaire et, l'été, il fait face au cœur de la Voie lactée et surveille l'éclat orangé d'Antarès du Scorpion. Technique : mosaïque de trois champs verticaux photographiés juste avant la fin du crépuscule astronomique, boîtier Sony A7III, objectif Sony de 24 mm diaphragmé à 2,8, poses de 40 secondes à 2 000 ISO.

Le ciel du soir

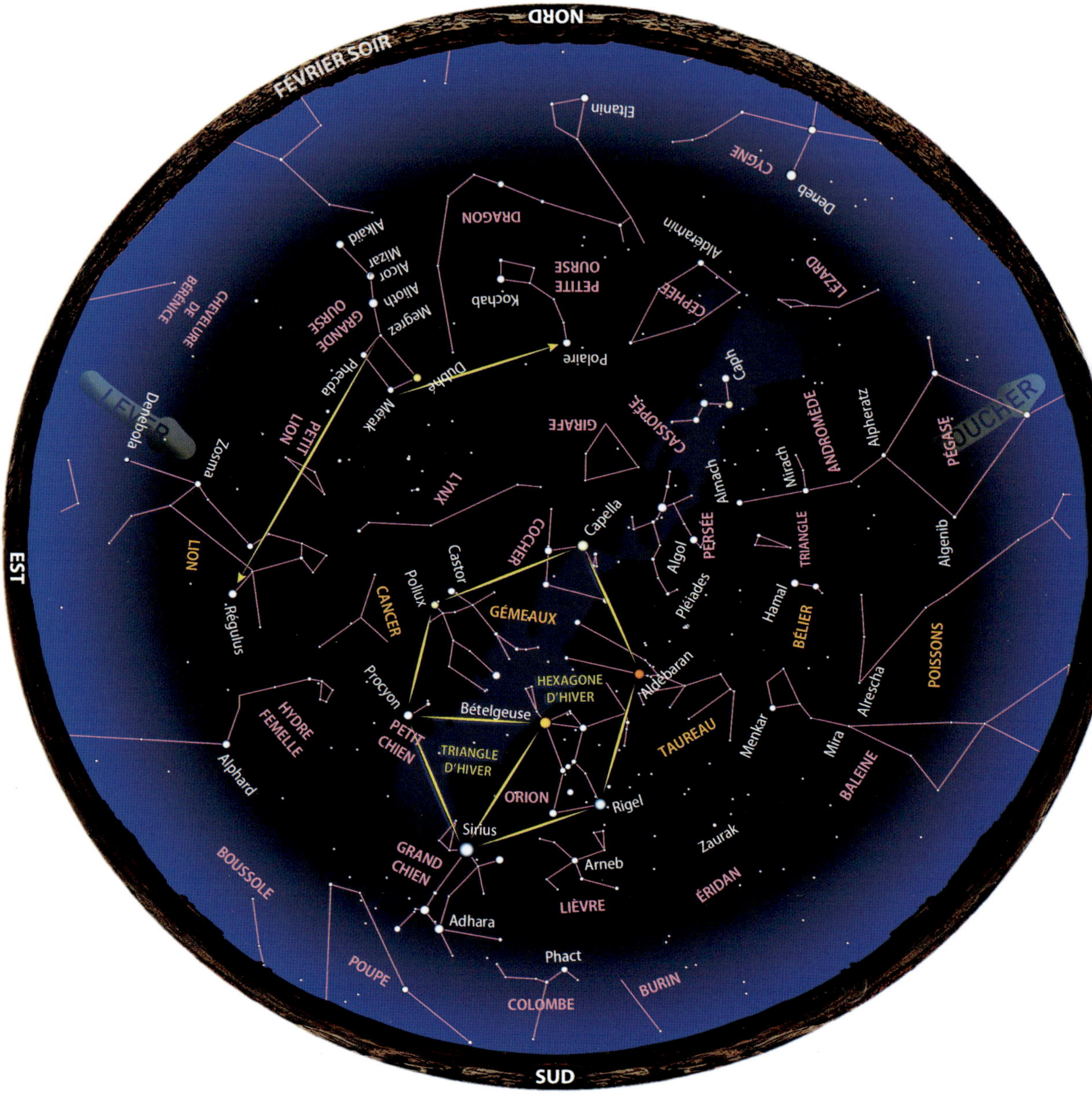

En février, Orion surplombe l'horizon sud peu après la fin du crépuscule. Cette grande figure céleste est entourée d'une véritable cour d'étoiles majeures et de constellations superbes. Il y a, bien sûr, l'éclat incandescent de Sirius du Grand Chien qui embrase les régions australes du bol nocturne. Elle scintille vivement dès que l'atmosphère est un peu agitée et semble alors changer de couleur en un clin d'œil, palpitant inlassablement du blanc au vert ou au violet. À l'opposé de Sirius par rapport à Orion, la lanterne orangée d'Aldébaran du Taureau nous indique la direction du petit amas stellaire des Pléiades. Quant à Capella, elle tutoie le zénith avec le pentagone du Cocher. Castor et Pollux des Gémeaux sont du côté de Bételgeuse, tout comme Procyon du Petit Chien, qui semble bien isolée sur le bord d'une Voie lactée maigrichonne. Je vous renvoie à la table d'orientation de la page 14 pour compléter ce panorama hivernal, auquel j'ajouterai tout de même la petite

Le ciel à l'orée de l'aube

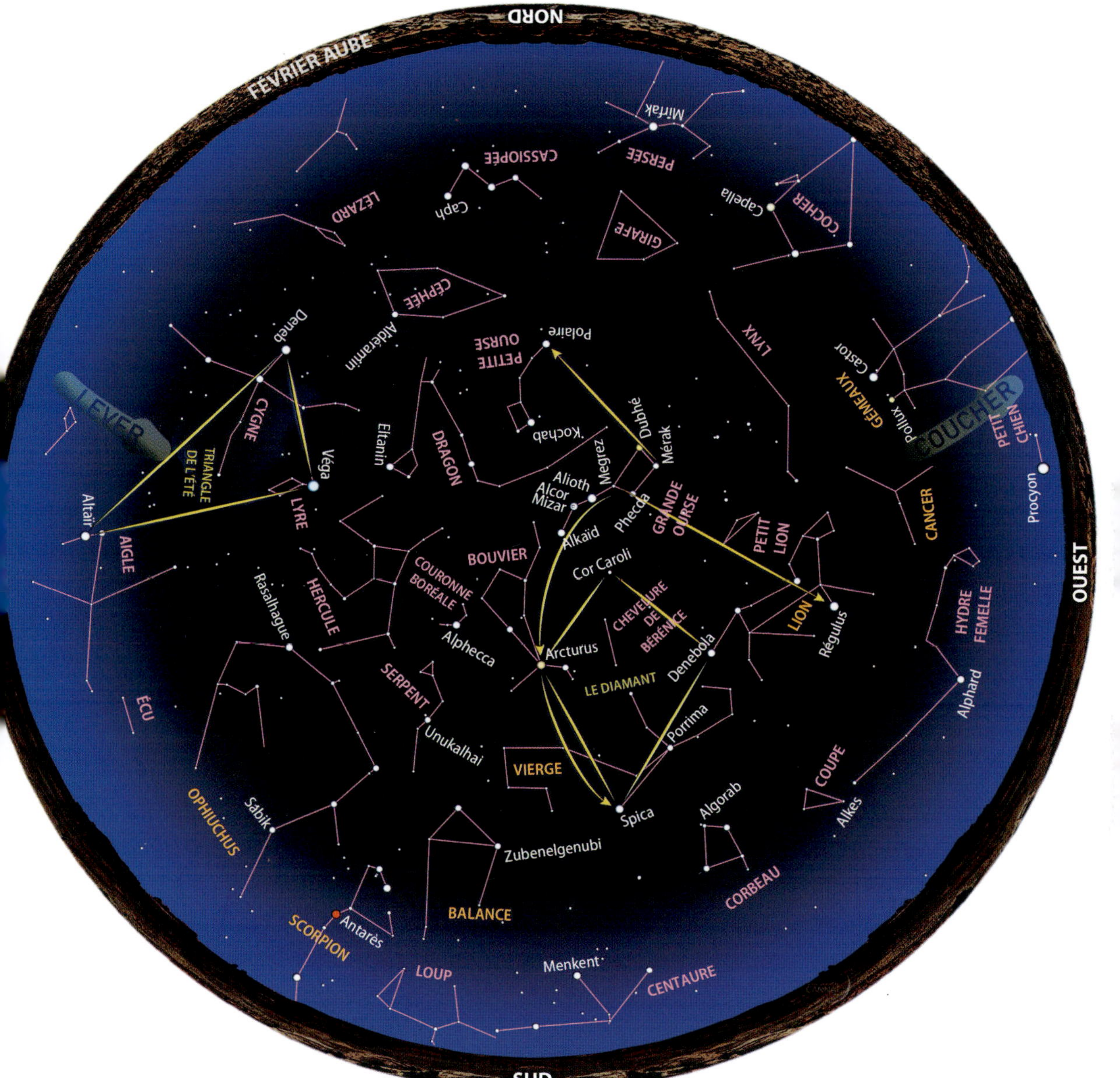

constellation du Lièvre. Arneb, son étoile principale, brille si discrètement au sud de Rigel qu'il est parfois délicat de la voir en milieu urbain. Du côté ouest du ciel nocturne, il est encore temps de profiter du grand carré de Pégase et de la constellation d'Andromède. Celle-ci abrite la galaxie du même nom, à quelques degrés de Mirach, qui est visible à l'œil nu dans un bon ciel comme une petite touffe cotonneuse de linaigrette. À l'est, enfin, l'arrivée de Régulus du Lion fait la jonction avec le ciel printanier qui envahit progressivement la nuit ; utilisez les étoiles Megrez et Phecda de la Grande Ourse pour la repérer (voir p. 12). Cette année, Jupiter disparaît vite du ciel crépusculaire et il faut attendre le début de l'aube pour voir s'élever Vénus et Mars au-dessus de l'horizon sud-est.

Consultez la page 11 pour en savoir plus sur l'utilisation de ces cartes du ciel.
La position des planètes est précise pour le 15 du mois.

2 et 3 février

Dernière séance pour Jupiter

Mercredi 2 et jeudi 3 février 2022 au crépuscule, une heure après le coucher du Soleil, le jeune croissant lunaire et Jupiter sont visibles à une dizaine de degrés de hauteur au-dessus de l'horizon ouest-sud-ouest.

Le mercredi 2 et le jeudi 3 février au crépuscule, une heure après le départ du Soleil qui se situe déjà à plus de dix degrés sous l'horizon, Jupiter et la jeune Lune sont confortablement installées à l'ouest-sud-ouest dans un grand bain de lueurs crépusculaires. Le 2, trente-six heures après la Nouvelle Lune, notre satellite arbore un arc très fin et la lumière cendrée révèle timidement le reste de son disque. Le 3, le croissant a pris de l'épaisseur et il brille à une dizaine de degrés de Jupiter dans un ciel plus sombre, si bien que la lumière cendrée met bien en valeur les mers de la portion nocturne de notre compagne orbitale. Jupiter n'est plus qu'à une dizaine de degrés de hauteur une heure après la disparition du Soleil et elle va se coucher chaque soir un peu plus tôt en février, devenant inobservable à l'œil nu après le 15. Cette conjonction éloignée avec la Lune est donc la dernière occasion d'observer ces deux astres ensemble de ce côté de la nuit. Aux latitudes européennes, il faudra attendre jusqu'à la mi-avril pour retrouver Jupiter dans le ciel de l'aube, mais elle réapparaîtra un peu plus vite pour les observateurs des régions tropicales.

Maximum d'éclat pour Vénus

Moins d'un mois après sa conjonction inférieure avec le Soleil (voir page 22), Vénus se lève déjà plus de deux heures avant lui et elle apparaît à l'est-sud-est dans un ciel bien sombre peuplé d'étoiles si vous êtes loin d'un centre urbain. Le croissant très fin que nous pouvions admirer le mois dernier aux jumelles a pris de l'épaisseur à l'approche du premier quartier vénusien, ce qui augmente son éclat, mais son éloignement continu de la Terre provoque la diminution de son diamètre apparent, si bien qu'un équilibre s'établit et que son éclat culmine autour du lundi 7 février avant de diminuer lentement. Vénus brille intensément à près de sept degrés de hauteur au-dessus de l'horizon est-sud-est à l'orée de l'aube et vous n'aurez aucun mal à la repérer si cette direction est dégagée depuis votre site d'observation. Remarquez le petit point de Mars qui restera à moins de sept degrés au sud de Vénus jusqu'à la mi-mars. Ces deux planètes circulent dans la constellation du Sagittaire en février et, dans les meilleurs sites, il est possible de photographier la Voie lactée qui les enveloppe à leur lever.

Lundi 7 février 2022, l'éclat de Vénus atteint son intensité maximale après sa conjonction inférieure du mois dernier. Cette planète est bien visible à l'aube, non loin de Mars, à près de sept degrés de hauteur au-dessus de l'horizon est-sud-est.

Une origine martienne pour la lumière zodiacale ?

Depuis de nombreuses années, les astronomes estimaient que la lumière zodiacale était engendrée par la réflexion du Soleil sur les myriades de grains de poussière dispersés entre les planètes par les comètes qui s'approchent du Soleil. En se répartissant essentiellement dans le plan de l'écliptique, le plan à proximité duquel orbitent toutes les planètes, elles le matérialisent dans le ciel de la Terre en réfléchissant le rayonnement solaire. Ce processus n'est pas remis en question, mais une étude scientifique récente semble accréditer l'hypothèse d'une origine martienne plutôt que cométaire pour une part non négligeable des poussières impliquées. Lorsque la sonde *Juno* a effectué son voyage de la Terre à Jupiter entre 2011 et 2016 et qu'elle a traversé les régions où circulent ces poussières, ses immenses panneaux solaires sont régulièrement entrés en collision avec elles, jusqu'à deux cents fois par jour. Après un méticuleux travail, des astronomes sont parvenus à calculer

la trajectoire de ces poussières avant leur impact et ils ont découvert qu'elles provenaient majoritairement de Mars, pas de comètes vagabondes. Il reste à expliquer comment elles ont pu échapper à l'attraction martienne pour se disperser dans le Système solaire et s'il s'agit d'une contribution épisodique ou d'un processus pérenne.

L'éclat diffus de la lumière zodiacale baigne les Pléiades et pointe vers l'arche de la Voie lactée sur cette image réalisée en Ariège, face au mont Valier, au début d'une splendide nuit printanière. L'astrophotographe Jean-François Graffand a utilisé un appareil Canon EOS 6D avec un capteur défiltré permettant d'enregistrer les couleurs rougeoyantes des grandes nébuleuses visibles dans les constellations d'Orion ou de Persée. La très grande sensibilité (6 400 ISO) et le long temps de pose permettent de révéler l'avant-plan pyrénéen sous ce somptueux paysage céleste.

27 février

Rassemblement au cœur de l'hiver

Commencez votre observation plus de trois heures avant le jour le dimanche 27 février. Si vous avez fait l'effort de vous déplacer jusqu'à un site offrant un ciel suffisamment préservé des excès de l'éclairage artificiel, vous verrez le bulbe galactique apparaître lentement au-dessus de l'horizon sud-est entraîné par le char scintillant d'Antarès du Scorpion. Juste au point de bascule entre la nuit et l'aube, Vénus puis Mars et enfin un beau croissant lunaire quittent leur port d'attache et voguent vers le haut ciel : je vous invite à les suivre jusqu'à l'épanouissement du jour en admirant l'affadissement progressif de la Voie lactée qui les enveloppe. Les conditions météorologiques peuvent être éprouvantes lors d'une nuit de fin février, mais en vous équipant chaudement vous vous régalerez de cette Voie lactée estivale visible en plein hiver. Et puis, lorsque l'on sait que l'on pourra se réchauffer rapidement dans une voiture ou un gîte, avoir un peu froid n'est pas déplaisant. Autant j'apprécie la douceur des courtes nuits de l'été avec leurs cris d'oiseaux nocturnes et leurs odeurs d'herbes ou de plantes aromatiques, autant je suis heureux dans l'air glacé et le silence absolu des longues nuits hivernales.

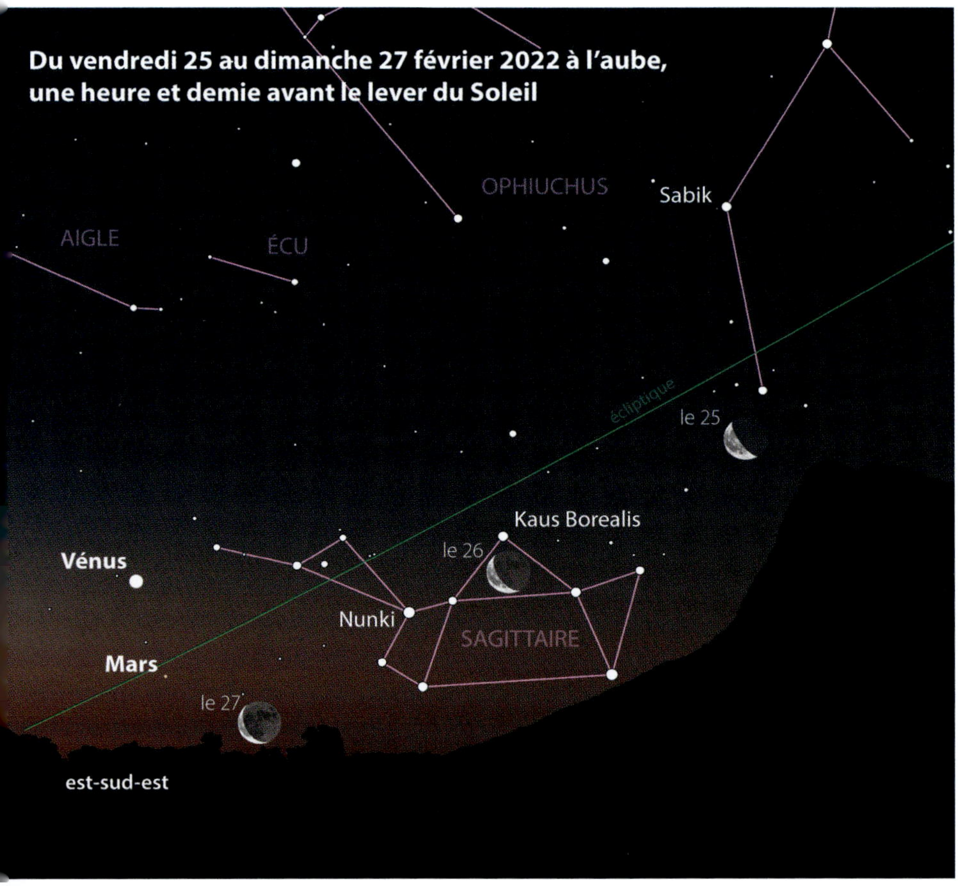

Dimanche 27 février 2022 à l'aube, une heure et demie avant le lever du Soleil, ne ratez pas le trio Vénus-Mars-Lune au sud-est. La lumière cendrée est magnifique et l'éclat vénusien est spectaculaire par rapport au petit point martien.

28 février

Un défi pour Mercure et la Lune

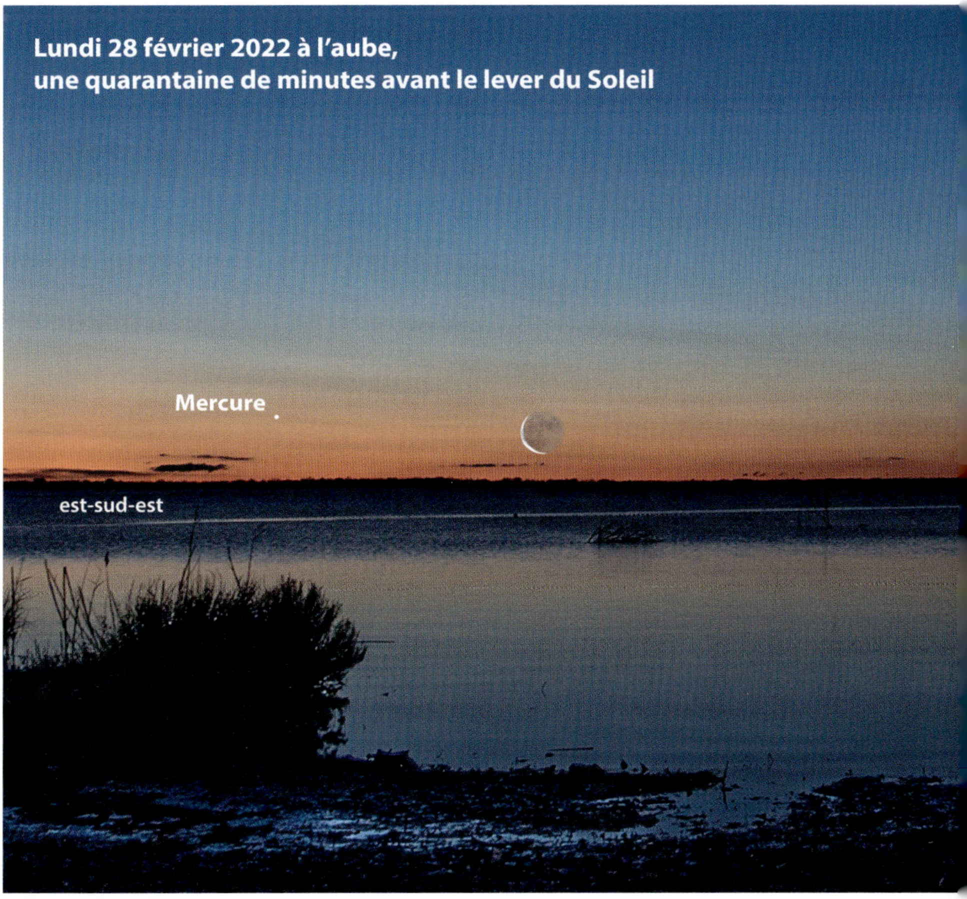

Lundi 28 février 2022 à l'aube, une quarantaine de minutes avant le lever du Soleil, tentez d'observer Mercure et le croissant lunaire au ras d'un horizon est-sud-est lointain et parfaitement dégagé. Ces deux astres sont à neuf degrés d'écart.

Le mois se termine sur un rendez-vous extrêmement délicat à observer. Le lundi 28 février à l'aube, une quarantaine de minutes avant l'apparition du Soleil, Mercure et un mince croissant lunaire émergent au ras de l'horizon est-sud-est. Saturne est là également, à trois degrés sur la gauche de Mercure, mais son éclat est trop faible pour qu'elle soit visible dans ce ciel déjà très clair. Prenez des jumelles avec vous pour repérer Mercure dès qu'elle pointera le bout de son éclat et, si l'atmosphère est parfaitement limpide, comme cela arrive souvent lors des matins les plus froids de l'hiver, vous parviendrez peut-être à la distinguer un bref instant à l'œil nu. L'arc lunaire est encore suffisamment épais pour être facile à distinguer même si la clarté du jour gomme la lumière cendrée. Si vous possédez une lunette, pointez-la vers notre satellite avec un grossissement d'une cinquantaine de fois pour regarder comment l'atmosphère peut tordre et cisailler son croissant si près de l'horizon. Naturellement, si vous voulez observer ces astres dès leur lever, il faut choisir un site d'observation permettant de voir l'horizon vrai, pas la crête d'une colline.

Nouvelle Lune le 2
Verseau

Premier Quartier le 10
Taureau

Pleine Lune le 18
Vierge

Dernier Quartier le 25
Sagittaires

À L'AFFICHE DU CIEL

- **Le croissant lunaire du soir :** du 4 au 8
- **La Lune gibbeuse et pleine :** du 11 au 24
- **Le croissant lunaire du matin :** du 26 au 29
- **Le ciel sans la Lune :** les 1er et 2, 30 et 31
- **La planète Mercure :** à l'aube avant le 5, très basse à l'est-sud-est
- **La planète Vénus :** à l'aube, de l'est-sud-est au sud-est
- **La planète Mars :** à l'aube, de l'est-sud-est au sud-est
- **La planète Jupiter :** inobservable
- **La planète Saturne :** à l'aube après le 15, à l'est-sud-est

Lever et coucher du Soleil, le 15

ville	lever	coucher
Annecy	6h49	18h41
Bayonne	7h18	19h12
Guéret	7h06	18h58
Lille	7h02	18h52
Nice	6h44	18h37
Paris	7h04	18h56
Quimper	7h30	19h22
Rochefort	7h17	19h10
Strasbourg	6h43	18h34
Toulouse	7h07	19h00

Tous les horaires sont donnés en heure légale française (temps universel + 1 h). Passage à l'heure d'été le dimanche 27 (temps universel + 2 h).

Mars

J'entrai dans la forêt comme on pénètre dans une vieille demeure aux pièces assombries par de lourds rideaux poussiéreux. Les entrelacs végétaux qui me surplombaient avaient une telle épaisseur que l'éclat lunaire s'était effacé et j'avançais précautionneusement depuis quelques minutes lorsqu'une tache lumineuse apparut au loin. L'ambiance était troublante alors que je passais de l'absence quasi totale de lumière à la clarté, que mes yeux accoutumés à l'obscurité rendaient aussi intense que par un grand soleil. Le flux lumineux avait trouvé un passage entre les branches et je levai les yeux pour contempler sa source : encadrée par la noirceur environnante, elle m'apparaissait d'un bleu très délavé et j'eus la surprise d'y voir briller une étoile solitaire. C'était étrange et satisfaisant à la fois, un rappel que le Soleil était loin et que seule la Pleine Lune illuminait la nuit. Je poursuivis ma promenade dans cette cathédrale végétale, tombant ici et là sur des ouvertures qui m'offrirent d'autres étoiles. Les animaux du crépuscule s'étaient tus et les appels de la chouette hulotte que j'entendais plus tôt s'étaient éloignés, me laissant seul avec mes propres bruits alors que je marchais vers l'orée de la forêt, m'avançant jusqu'à l'eau sombre du lac pour contempler la Lune et son reflet.

La Pleine Lune du samedi 27 février 2021 au-dessus du lac des Pises. Cette soirée partiellement dégagée a été une véritable respiration après des semaines de mauvais temps. Parcourir et photographier des paysages mille fois visités de jour sous cet éclairage bien particulier a quelque chose de magique. Tout semble nouveau, les perspectives sont métamorphosées et les teintes plus douces font ressembler la nuit à un immense pastel. Technique : boîtier Son A7III et objectif Sony de 24 mm à 1,4 diaphragmé à 2,5 ; pose de 0,4 seconde à 640 ISO.

Le ciel du soir

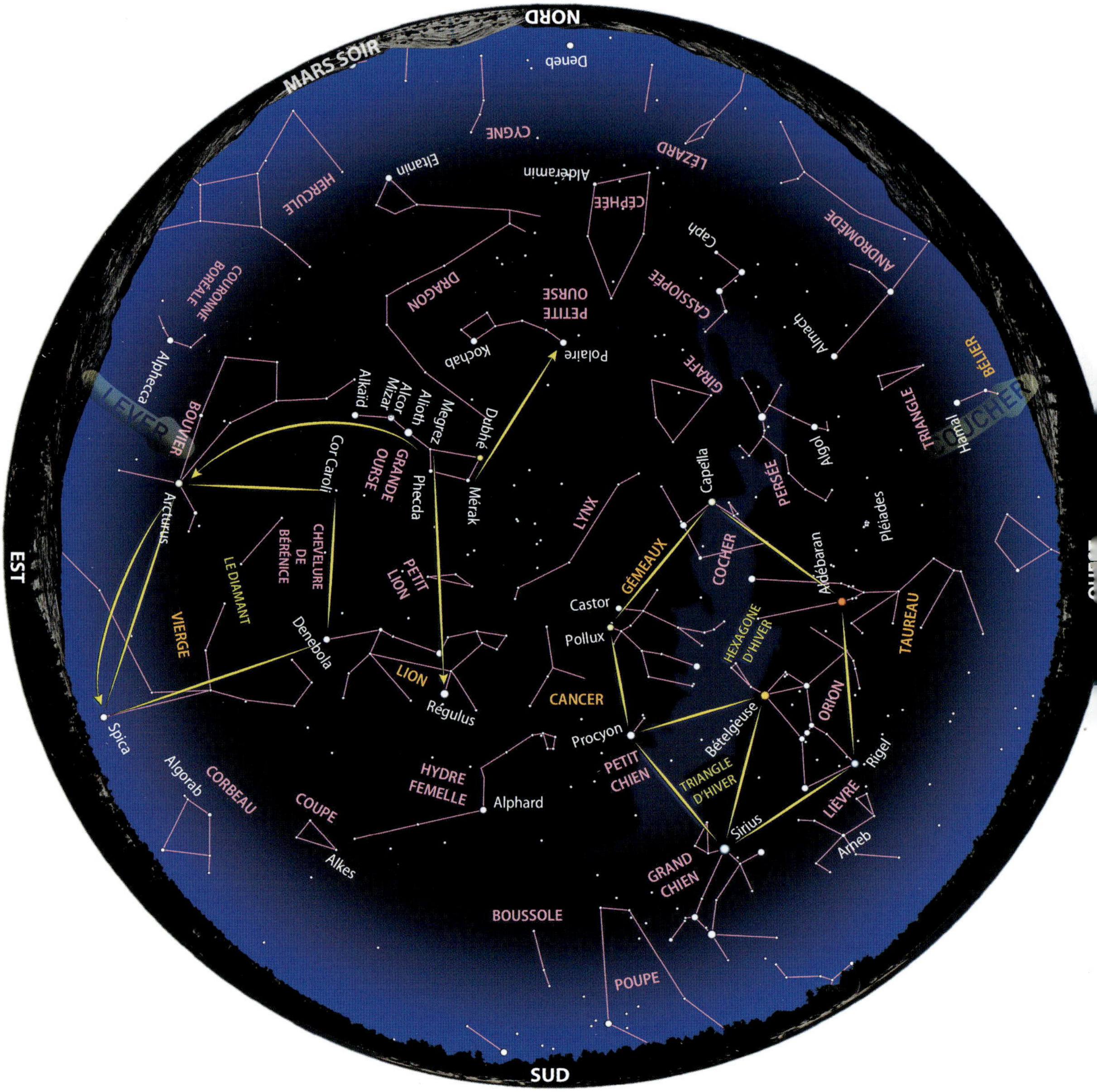

En mars, les figures du ciel d'hiver migrent nuit après nuit vers l'ouest de la voûte céleste. Au début du mois, Orion fanfaronne toujours loin au-dessus de l'horizon sud à la fin du crépuscule astronomique, mais, arrivé au 31, ce fier chasseur n'est plus qu'à une trentaine de degrés de hauteur au-dessus de l'horizon sud-ouest au même moment. Il laisse la place d'honneur au Cancer, dont les petites étoiles sont alors posées en équilibre sur le méridien, cette ligne qui joint le sud au nord en passant par le zénith de votre site. Le Cancer fait malheureusement partie des constellations en voie de disparition. L'accroissement de la pollution lumineuse et donc de la clarté du ciel nocturne efface de plus en plus souvent les faibles étoiles de cette figure antique et il faut vraiment s'éloigner des régions urbaines pour parvenir à distinguer le célèbre amas de la Crèche qui se tapit à l'intersection de ses trois branches. Juste à l'est du Cancer, prêt à prendre la relève

Le ciel à l'orée de l'aube

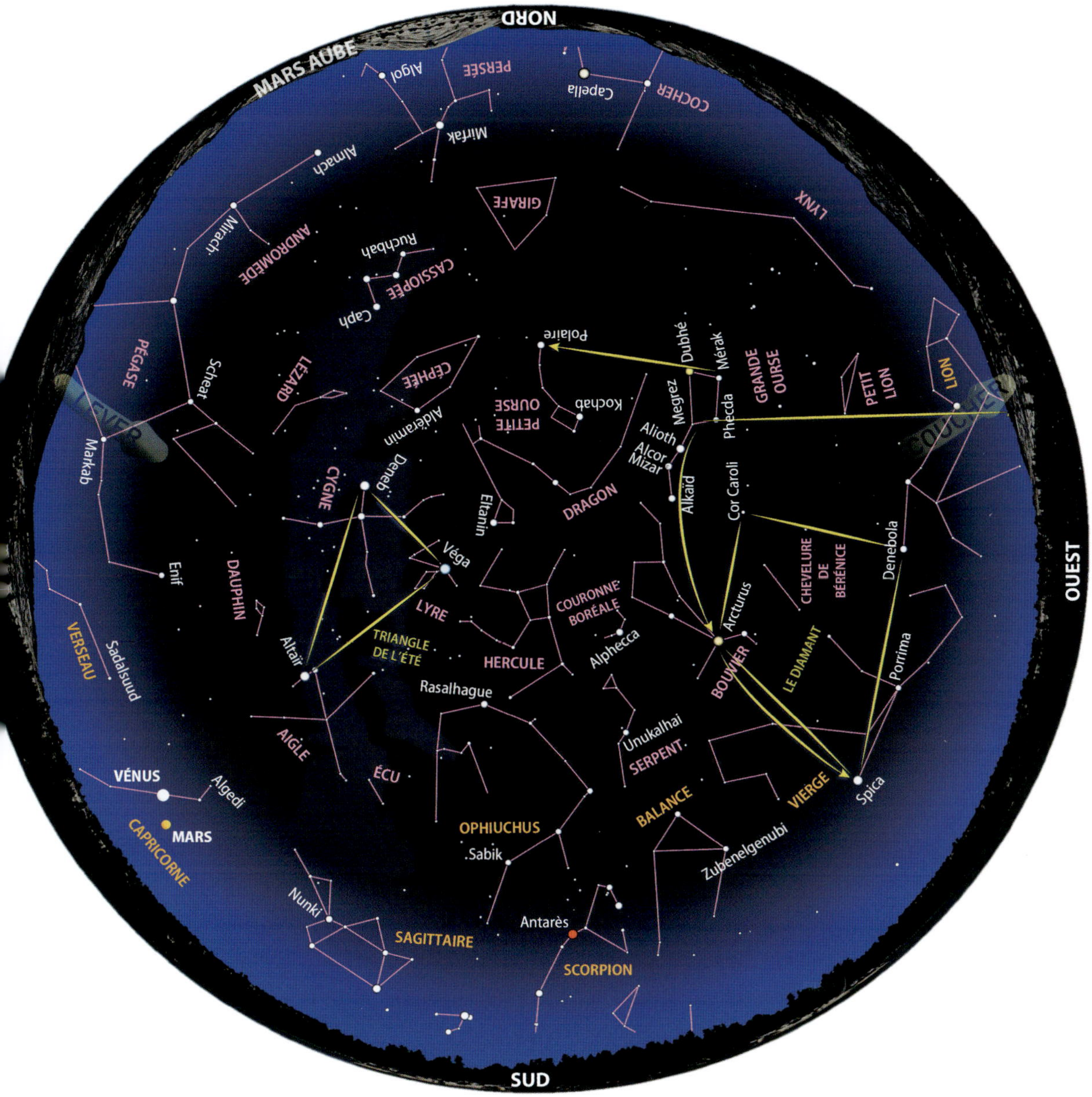

sur le méridien, le Lion et son étoile principale Régulus sont bien plus faciles à voir, même en ville. Laissez tourner la Terre quelques heures et vous verrez les constellations printanières s'afficher à l'est, à la suite du Lion. Repérez notamment Arcturus du Bouvier et Spica de la Vierge, qui, avec Denebola, la queue du Lion, et la petite Cor Caroli, laquelle appartient à la constellation des Chiens de chasse, marquent les pointes du diamant. Cette vaste figure – on parle d'astérisme – nous accompagnera jusqu'à l'été, comme vous pouvez le constater en regardant le ciel de l'aube. Cette année, Vénus et Mars sont superbes dans le Capricorne en fin de nuit et à l'aube au-dessus de l'horizon est-sud-est.

Consultez la page 11 pour en savoir plus sur l'utilisation de ces cartes du ciel.
La position des planètes est précise pour le 15 du mois.

8 mars

Les croissants des Pléiades

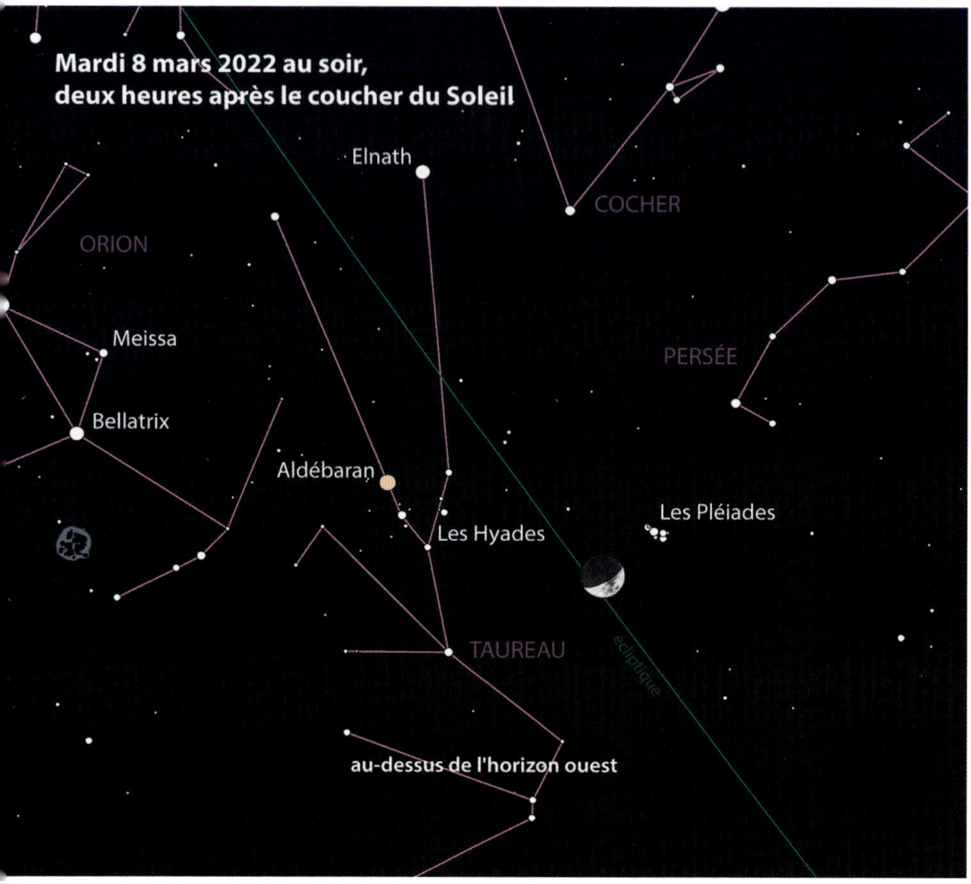

Mardi 8 mars 2022 au soir, deux heures après le coucher du Soleil, un gros croissant de Lune a rendez-vous avec l'amas ouvert des Pléiades dans le Taureau. Ces astres sont à moins de quatre degrés d'écart et ils surplombent l'horizon ouest d'une quarantaine de degrés.

La course annuelle de la Terre autour du Soleil décale nuit après nuit notre point de vue sur la voûte céleste, et les constellations qui coupent le méridien à la fin du crépuscule au début d'un mois plongent vers l'horizon ouest au même moment quelques semaines après. Ce rythme semble immuable à l'échelle humaine et explique pourquoi l'observation du mouvement des astres a servi de base à l'élaboration des calendriers dans toutes les civilisations. Le petit groupe d'étoiles des Pléiades, tellement facile à repérer à l'œil nu, même de nos jours dans un ciel trop souvent dégradé par la pollution lumineuse, a ainsi servi de repère temporel durant des millénaires. À la fin de l'hiver et au printemps, il glisse progressivement vers le nord-ouest et va à la rencontre de croissants lunaires de plus en plus minces. Celui qui côtoie cet amas stellaire le mardi 8 mars au soir est assez gros et son éclat nous empêche de profiter de la lumière cendrée qui éclaire la portion nocturne de notre satellite ; utilisez des jumelles ou une lunette pour l'apprécier. Le croissant que rencontreront les Pléiades le mois prochain sera accompagné d'une très belle lumière cendrée et celui du 2 mai sera d'une finesse délicieuse.

Du 13 au 19 mars

Le couple du mois

Vénus et Mars poursuivent leur rapprochement apparent durant le mois de mars. Fin février, ces deux planètes étaient à cinq degrés de séparation et, du dimanche 13 au samedi 19 mars, elles brillent à moins de quatre degrés l'une de l'autre en glissant de concert vers l'est de l'écliptique dans le Capricorne. Ce ballet est visible à l'aube, une heure et demie avant le lever du Soleil, à près de six degrés de hauteur au-dessus de l'horizon est-sud-est. Vénus est actuellement cent soixante fois plus brillante que Mars, mais l'éclat martien a bien progressé ces dernières semaines puisqu'il est enfin proche de la première magnitude. En Europe, la ligne qui représente la trajectoire annuelle du Soleil sur la voûte céleste – l'écliptique – est couchée sur l'horizon oriental à l'aube et cela ne permet pas aux planètes, qui se meuvent toutes à proximité de cette ligne, de s'élever rapidement et de s'éloigner de la zone du ciel la plus dégradée par la turbulence et la pollution lumineuse. Vénus et Mars sont à plus de quarante-cinq degrés d'écart du Soleil mi-mars, mais elles stagnent à moins d'une dizaine de degrés de hauteur durant l'aube.

Du dimanche 13 au samedi 19 mars 2022 à l'aube, une heure et demie avant le lever du Soleil, Vénus et Mars sont à moins de quatre degrés l'une de l'autre et brillent à seulement quelques degrés de hauteur au-dessus de l'horizon est-sud-est.

Voie lactée estivale en hiver

La possibilité d'admirer dans une ambiance neigeuse la portion de la Voie lactée que nous regardons habituellement au cours des nuits d'été est l'un des plaisirs de l'observation hivernale. Les plus courageux – et les mieux équipés – passeront la nuit entière dehors, profitant d'Orion et consorts en soirée, puis du Sagittaire et du Scorpion avant l'aube. Si cela vous semble trop rigoureux, contentez-vous de sortir entre deux et trois heures avant le lever du Soleil et vous aurez une très belle vue sur les remous scintillants du fleuve galactique. Mi-mars, avant l'aube, la Voie lactée forme une longue arche aplatie dans la moitié orientale de la voûte céleste. Elle se développe de Persée au nord au Scorpion au sud-sud-est et les trois bornes du Triangle de l'été – Véga, Deneb et

Altaïr – brillent déjà à plus de trente degrés de hauteur à l'aplomb de l'horizon est. Il faut bien sûr s'éloigner des villes trop éclairées pour apprécier un tel spectacle et, si vous avez un site de moyenne montagne près de chez vous, le ciel n'en sera que plus pur. L'hiver, lorsque la couverture nuageuse est favorable, je monte à l'observatoire météorologique du mont Aigoual, qui domine le littoral méditerranéen inondé de lumières artificielles. La vue est grandiose de là-haut et je trouve fascinant de voir le bulbe galactique s'extirper des halos de pollution lumineuse qui tentent en vain de l'effacer et s'élancer vers un ciel gorgé d'étoiles et de nébuleuses.

24 et 25 mars

Un grand triangle planétaire

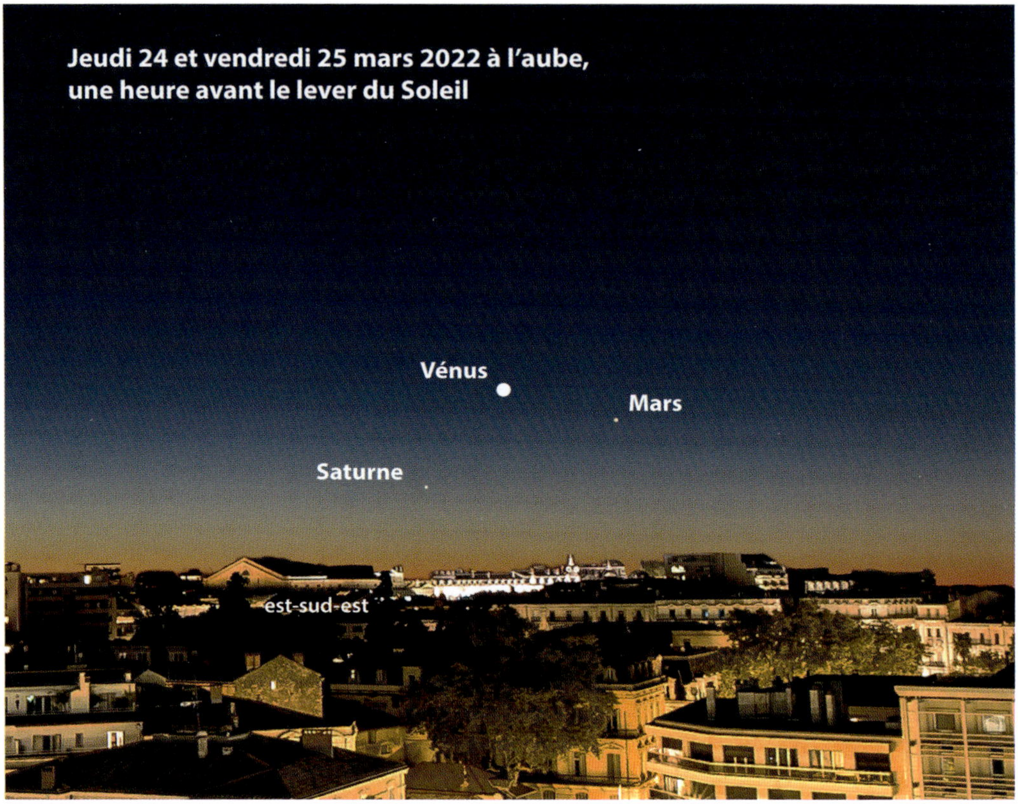

Jeudi 24 et vendredi 25 mars 2022 à l'aube, une heure avant le lever du Soleil, les planètes Vénus, Mars et Saturne dessinent un triangle isocèle aplati à près de cinq degrés de hauteur au-dessus de l'horizon est-sud-est. En cas de brume, des jumelles seront utiles pour repérer Mars et Saturne.

Les planètes Vénus, Mars et Saturne embellissent l'aube depuis déjà plusieurs semaines. Le jeudi 24 et le vendredi 25 mars, une heure avant l'arrivée du Soleil, elles dessinent un grand triangle isocèle dans le Capricorne au-dessus de l'horizon est-sud-est. Mars et Saturne sont installées à près d'un degré sous l'écliptique et à un peu moins de huit degrés de séparation apparente. Vénus brille, elle, à un peu plus d'un degré au-dessus de l'écliptique, si bien que le triangle borné par ces trois astres apparaît plutôt aplati. Vénus vient d'atteindre son élongation maximale à l'ouest du Soleil – plus de quarante-six degrés le 20 mars – et c'est elle qui se déplace le plus vite vers l'est à présent qu'elle file à nouveau vers l'astre du jour. Ce mouvement apparent plus important va lui permettre de rattraper Saturne sur la prochaine page ! Située à plus de 267 millions de kilomètres de la Terre en ce début d'année, Mars est six fois plus proche de nous que Saturne et son déplacement apparent vers l'est est également plus rapide que celui de la planète aux anneaux, qu'elle frôlera à 0,3 degré en avril (voir page 50).

28 mars

La Lune sous le triangle

D'isocèle, le triangle formé par Vénus, Mars et Saturne est devenu rectangle en l'espace de quelques jours et, le lundi 28 mars à l'aube, une heure avant le lever du Soleil, la Lune se joint au trio planétaire. Nous sommes en fin de lunaison et le croissant argenté est agrémenté d'une belle lumière cendrée qui révèle joliment les mers plus sombres sur la portion nocturne du globe lunaire. Prenez soin de choisir un site d'observation vous offrant un horizon lointain et parfaitement dégagé car Séléné circule loin au sud de l'écliptique, à près de cinq degrés au sud de Mars, et elle se lève à peine au moment de ce rendez-vous.

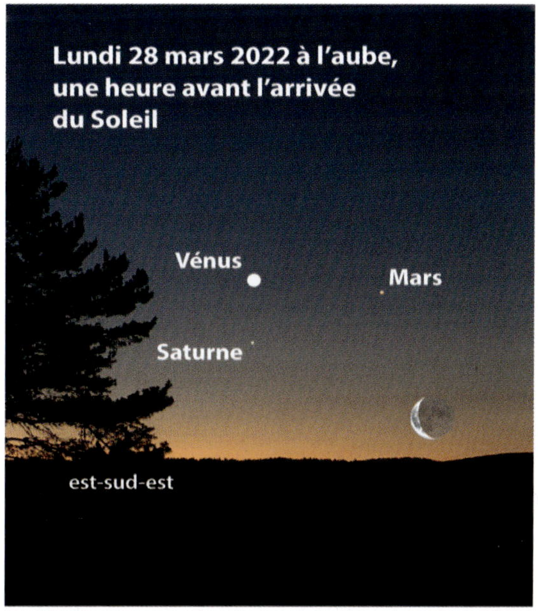

Lundi 28 mars 2022 à l'aube, une heure avant l'arrivée du Soleil, Vénus, Mars et Saturne attendent le croissant lunaire juste au-dessus de l'horizon est-sud-est.

PRATIQUE

Changement d'heure

Conformément à une directive du Parlement européen, la période dite de « l'heure d'été » s'étend du dernier dimanche de mars à 2 h du matin – le 27 mars, cette année – au dernier dimanche d'octobre à 3 h du matin – le 30 octobre. En 2018, après une consultation publique à laquelle plus de 4,6 millions d'Européens ont participé, la Commission européenne a proposé aux pays membres de renoncer au système actuel de changement d'heure. Les ministres européens des Transports, réunis le 3 décembre 2018, ont envisagé d'abandonner ce système en 2021 ; à l'issue d'une action de coordination, chaque État membre devra alors faire le choix de rester à l'heure d'été ou d'hiver. En France, plus de deux millions de personnes ont participé à la consultation citoyenne organisée par l'Assemblée nationale au début de l'année 2019 et elles se sont prononcées à plus de 80 % pour la suppression du changement d'heure, avec une majorité de 59 % en faveur de la conservation de l'heure d'été toute l'année. À la date à laquelle je rédige ces lignes, aucune suite n'a encore été donnée à cette consultation.

Avril

Debout sur un mamelon herbeux du mont Lozère, je m'accroche à mon trépied photo pour lutter contre les rafales de vent. Je n'ai trouvé aucun rocher auquel l'arrimer et mon appareil bascule dès que je le lâche. Si je veux conserver un souvenir de cette nuit, je dois tenir les barres de carbone qui me relient au ciel étoilé. Je dois peser sans écraser, être ferme avec douceur durant les longues secondes des poses, et mes muscles se contractent sous la masse des photons qui s'accumulent paisiblement grâce à cet effort soutenu. Et oui, l'astrophotographie ressemble parfois à un sport de combat contre les éléments ! Un peu comme un judo céleste, un mélange d'observation attentive et de réaction instinctive aux changements soudains de la pression de l'air, mais sans exagérer, en compensant exactement l'attaque pour en annuler les effets sournois. Le moindre relâchement engendre une image sur laquelle les étoiles ne sont pas ponctuelles, mais déformées par les mouvements involontaires. Épuisé par ces longues heures de lutte, je m'endors debout et la sensation de perdre l'équilibre me réveille en sursaut. Je ne sais pas combien d'images ont été prises durant mon absence, mais seule celle du réveil s'est révélée bougée.

- Nouvelle Lune le 1er
  Baleine
- Premier Quartier le 9
  Gémeaux
- Pleine Lune le 16
  Vierge
- Dernier Quartier le 23
  Capricorne
- Nouvelle Lune le 30
  Bélier

À L'AFFICHE DU CIEL

- **Le croissant lunaire du soir :** du 2 au 7
- **La Lune gibbeuse et pleine :** du 10 au 22
- **Le croissant lunaire du matin :** du 24 au 28
- **Le ciel sans la Lune :** le 1er et du 29 au 30
- **La planète Mercure :** au crépuscule après le 12, à l'ouest-nord-ouest
- **La planète Vénus :** à l'aube, à l'est-sud-est
- **La planète Mars :** à l'aube, à l'est-sud-est
- **La planète Jupiter :** à l'aube après le 15, à l'est
- **La planète Saturne :** à l'aube, de l'est-sud-est au sud-est

Lever et coucher du Soleil, le 15

ville	lever	coucher
Annecy	6h50	20h22
Bayonne	7h24	20h49
Guéret	7h06	20h40
Lille	6h54	20h43
Nice	6h49	20h14
Paris	7h00	20h42
Quimper	7h27	21h07
Rochefort	7h18	20h51
Strasbourg	6h39	20h20
Toulouse	7h12	20h37

Tous les horaires sont donnés en heure légale française (temps universel + 2 h).

La Voie lactée de l'Aigle au Scorpion brille derrière l'une des nombreuses pierres dressées qui ponctuent les mamelons des Bondons au sud du mont Lozère. Quelques nuages bas, que le grand vent emportait vers le sud, réfléchissent les lumières des métropoles de la côte méditerranéenne et celles, plus proches, de la petite ville de Florac blottie sous le causse Méjan en bas à droite. Un léger *airglow* laisse des traces verdâtres ici et là. Technique : mosaïque de trois images verticales prises avec un boîtier Sony A7III et un objectif Sony GM de 24 mm diaphragmé à 3,2 ; six minutes de poses cumulées à 4 000 ISO.

Le ciel du soir

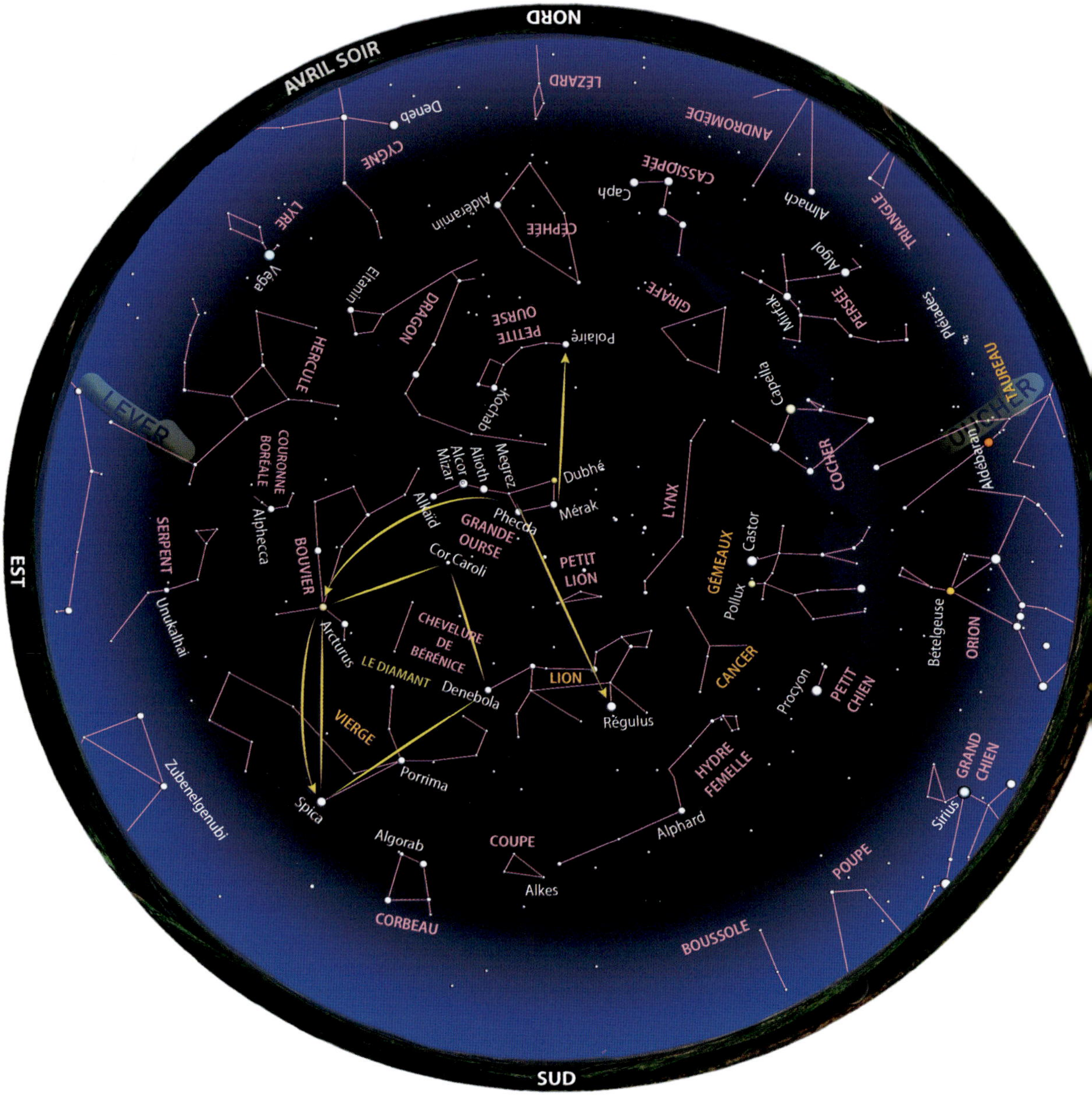

Avril plaque Orion et le Grand Chien contre l'horizon ouest à la fin du crépuscule. Ce sont les derniers éclats de Rigel, Bételgeuse et Sirius, que nous retrouverons à l'aube au fil de l'été. La tête d'affiche est offerte au Lion ce mois-ci. Régulus, Denebola et leurs compagnes brillent à plus de cinquante degrés de hauteur au-dessus de l'horizon sud en début de nuit. Elles dominent un vaste désert pour les observateurs urbains, car les figures de l'Hydre femelle, de la Boussole ou de la Coupe qui emplissent cette portion du ciel ne possèdent pas d'étoiles assez éclatantes pour percer le voile nauséeux de la pollution lumineuse. Seul le petit quadrilatère du Corbeau pourra éventuellement attirer votre regard, mais ce n'est pas la figure la plus intéressante qui soit, même si elle abrite quelques nébuleuses et galaxies superbes à voir dans un grand télescope. La Vierge et le Bouvier, avec leurs brillantes étoiles Spica et Arcturus, sont de bien plus belles créations.

Le ciel à l'orée de l'aube

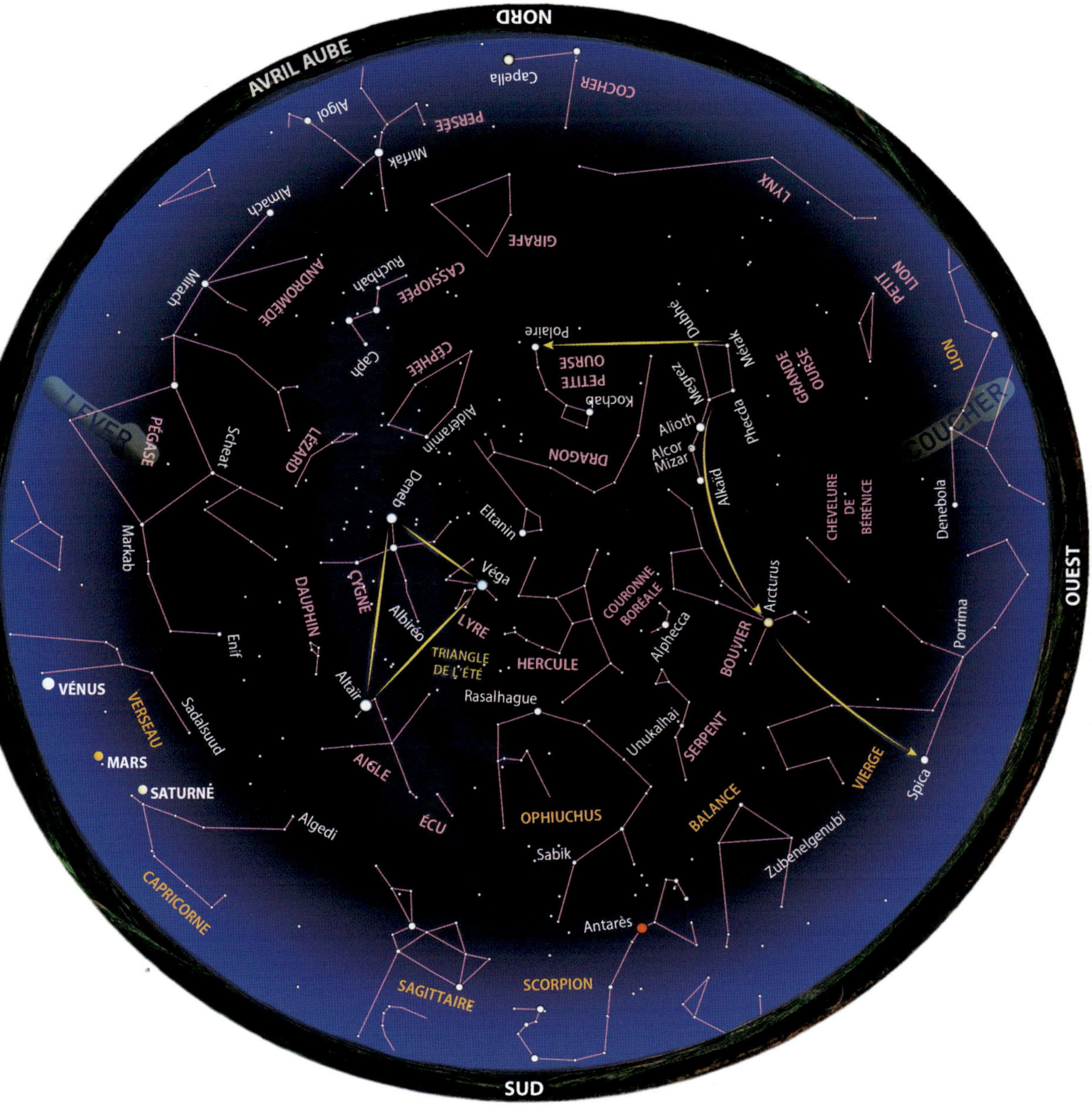

Elles s'élèvent à l'est du ciel au début des nuits printanières et vous pouvez utiliser la courbure du manche de la Casserole (Grande Ourse) pour arriver à leur niveau. À propos de la Casserole, remarquez qu'elle se situe au plus haut de sa trajectoire nocturne, il est donc impossible de la manquer, ce qui peut arriver lorsqu'elle flirte avec l'horizon et que des arbres ou des bâtiments la cachent. À l'est-nord-est, Véga et Deneb annoncent l'arrivée du Triangle de l'été. En fin de nuit, nous contemplons le ciel tel qu'il apparaît au début des belles nuits d'été avec le Scorpion et le Sagittaire au sud et la Voie lactée arquée vers le zénith. Cette année, Saturne, Mars et Vénus brillent au-dessus de l'horizon est-sud-est à la fin de la nuit.

Consultez la page 11 pour en savoir plus sur l'utilisation de ces cartes du ciel.
La position des planètes est précise pour le 15 du mois.

4 et 5 avril

Des Pléiades aux Hyades

Le lundi 4 et le mardi 5 avril au soir, deux heures après le coucher du Soleil, le jeune croissant lunaire rend visite aux Pléiades puis aux Hyades, deux des plus beaux amas ouverts de la voûte céleste. Un amas ouvert regroupe des étoiles nées pratiquement en même temps dans une vaste nébuleuse interstellaire. Avec le temps, ces étoiles se dispersent au gré de leur mouvement propre et chaque amas ouvert est donc appelé à disparaître. Pour l'heure, les Pléiades et les Hyades forment des petits archipels stellaires facilement repérables à l'œil nu dans le Taureau et somptueux aux jumelles.

Lundi 4 et mardi 5 avril 2022 au soir, deux heures après le départ du Soleil, le croissant lunaire brille à côté des Pléiades puis des Hyades.

5 avril

Mars croise Saturne

La quatrième et la sixième planète du Système solaire sont à moins de 0,3 degré d'écart le mardi 5 avril à l'aube, une heure et demie avant le lever du Soleil. La rencontre est visible au-dessus de l'horizon est-sud-est et à près de sept degrés sur la droite du point éclatant de Vénus. Ces deux planètes ont pratiquement le même éclat actuellement et vous pouvez profiter de leur proximité apparente pour comparer leur teinte : Mars est jaune-orangé alors que Saturne est blanc cassé. Dans une lunette avec un grossissement d'au moins trente fois, il est possible de voir les anneaux de Saturne et la bille martienne dans le même champ.

Mardi 5 avril 2022 à l'aube, une heure et demie avant le jour, Mars passe à 0,3 degré de Saturne. Ce couple éphémère est visible à cinq degrés de hauteur au-dessus de l'horizon est-sud-est.

Tapisserie céleste dans les Cévennes.
© Guillaume Cannat

PRATIQUE

Un bon site pour observer

Pour reprendre et compléter le texte publié page 91 de l'édition précédente, je voudrais préciser qu'il existe différents types de sites d'observation. Il y a d'abord les sites imposés par le phénomène lui-même : pour voir des aurores boréales ou une éclipse totale de Soleil, par exemple, il faut se déplacer vers la région du monde concernée, qui est rarement celle où vous vivez. Il faut ensuite évoquer les sites qui permettent d'admirer la plupart des conjonctions présentées dans ces pages : ce sont les plus faciles à trouver puisqu'il suffit de choisir un horizon bien dégagé, mais rien n'empêche de se faire plaisir en favorisant des sites urbains ou de pleine nature qui offriront un premier plan particulièrement spectaculaire ou apaisant. Ces rendez-vous se produisant majoritairement lors du crépuscule ou de l'aube, la pollution lumineuse n'est pas forcément un problème et l'on peut même composer des photographies en jouant avec elle. Vient enfin le choix d'un site pour des observations plus exigeantes, qui réclament un éloignement des sources de pollution lumineuse pour que le ciel soit le plus sombre possible et que la Voie lactée apparaisse dans toute sa gloire. Si vous prenez un peu d'altitude, l'atmosphère sera généralement moins encrassée par la pollution industrielle, mais le plus important est d'être au plus loin des lumières artificielles. Le dôme de pollution lumineuse qui surplombe une grande métropole dégrade en effet la noirceur du ciel à des dizaines de kilomètres à la ronde et, si l'on veut vraiment voir des détails dans la Voie lactée, il est impératif de rechercher les régions que cette épidémie lumineuse ne fait qu'effleurer. La France métropolitaine a la chance d'en abriter encore plusieurs que vous pouvez localiser en utilisant la carte de la pollution lumineuse réalisée par Frédéric Tapissier.

En outre, notre pays est l'un des rares à abriter trois RICE (Réserve internationale de ciel étoilé), un label très exigeant attribué par l'International Dark-Sky Association, et une quatrième est en cours de candidature autour du parc naturel régional de Millevaches en Limousin. Il n'y a que dix-huit RICE dans le monde à ce jour et les trois françaises couvrent une superficie totale de pratiquement 9 000 km^2. La RICE du pic du Midi (3 112 km^2) occupe plus de la moitié des Hautes-Pyrénées, celle du parc national des Cévennes est la plus grande d'Europe avec près de 3 600 km^2 et la RICE Alpes Azur Mercantour (2 250 km^2) s'étend du Haut-Pays Grassois aux confins de l'Ubaye. Ces trois réserves de ciel étoilé, plus le projet du Limousin et la Corse, offrent des possibilités d'observation exceptionnelles et elles abritent déjà un grand nombre de gîtes plus ou moins isolés pouvant accueillir les amateurs de beaux ciels, ce sont donc des destinations idéales pour découvrir la splendeur de la Voie lactée.

Cliquez directement sur les liens des RICE et des organismes cités en consultant la page web de cette édition (voir le lien page 4).

24 et 25 avril

Rendez-vous sous l'écliptique

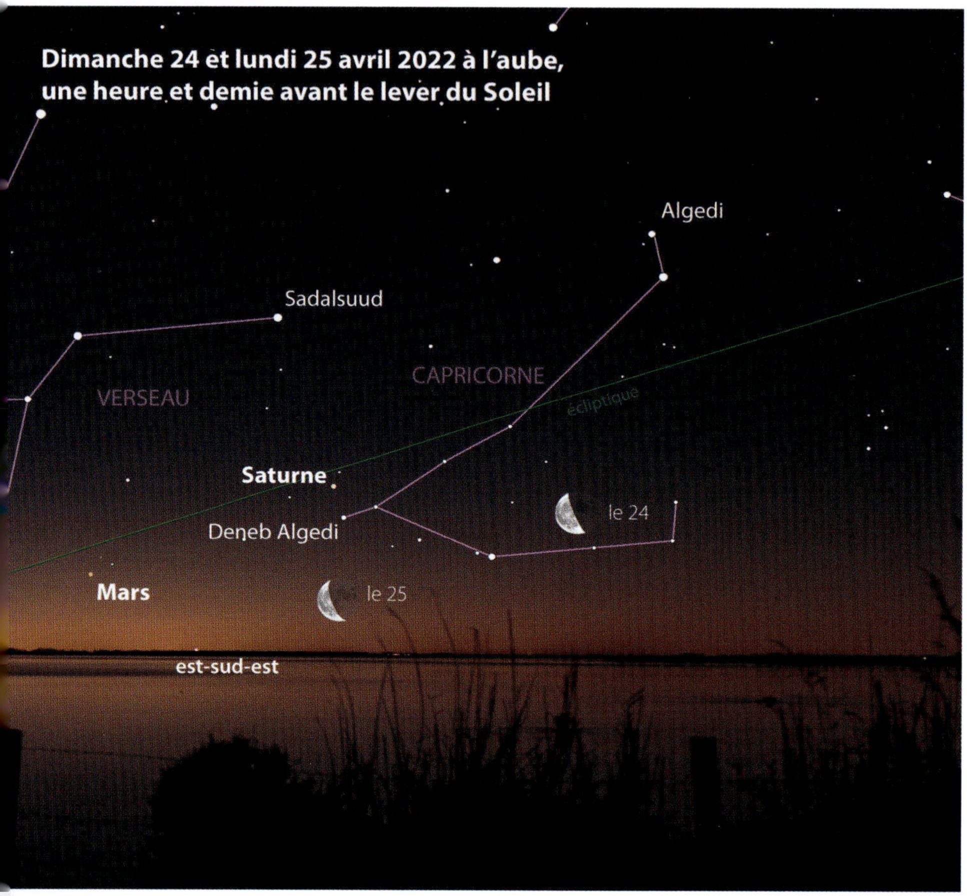

Dimanche 24 et lundi 25 avril 2022 à l'aube, une heure et demie avant le lever du Soleil, un gros croissant lunaire vogue sous Saturne. Ces astres brillent à moins de dix degrés de hauteur au-dessus de l'horizon est-sud-est et la lumière cendrée devient visible aux jumelles.

Les observateurs des latitudes européennes ne sont pas favorisés lorsqu'il s'agit de trouver les planètes à l'aube au printemps. L'écliptique semble en effet s'allonger sur l'horizon est et, lorsque les planètes circulent au sud de cette ligne, cela dégrade considérablement leur visibilité. Vous pourrez le constater par vous-même durant les prochains jours en suivant le croissant lunaire de plus en plus mince alors qu'il migre vers le Soleil. Première à profiter de sa compagnie, Saturne ne brille qu'à une dizaine de degrés de hauteur au-dessus de l'horizon est-sud-est une heure et demie avant le lever du Soleil, alors qu'elle se situe à plus de soixante-dix degrés de lui ; aux Antilles, Saturne est déjà à près de quarante degrés de hauteur au même instant de l'aube et, à La Réunion, elle dépasse les cinquante-cinq degrés. Le dimanche 24 et le lundi 25 avril, la Lune vient de passer son Dernier Quartier alors qu'elle joue à saute-mouton avec Saturne avant de poursuivre son chemin vers Mars, Vénus et Jupiter. Aux jumelles, remarquez la présence de l'étoile Deneb Algedi du Capricorne, la plus brillante de cette constellation, à un degré et demi au sud de Saturne.

26 et 27 avril

Rencontres lunaires à l'aube

Installée à près de six degrés au sud de l'écliptique, la Lune poursuit son périple matinal à la rencontre des planètes. Le mardi 26 avril, une heure avant le lever du Soleil, elle prend la pose à l'aplomb de Mars. Ces deux astres sont visibles au-dessus de l'horizon est-sud-est avec le croissant lunaire à près de quatre degrés de hauteur et le point martien orangé deux fois plus haut. Mars se situait dans le Capricorne en début de mois lors de sa rencontre avec Saturne, mais son mouvement rapide vers l'est de l'écliptique lui fait maintenant côtoyer les étoiles de la région centrale du Verseau. Son éclat croît régulièrement – magnitude 0,9 en fin de mois – et elle fait à présent partie du club élitiste réunissant les astres les plus brillants de la voûte céleste. Ses voisines Jupiter et Vénus sont toutefois bien plus éclatantes, comme vous pouvez le constater le mercredi 27 avril lorsque le croissant brille sous elles. Pensez à profiter des périodes de beau temps durant les prochaines semaines pour admirer la valse des planètes : après le 20 juin et l'arrivée de Mercure, toutes celles visibles à l'œil nu seront observables à l'aube dans leur ordre naturel.

Mardi 26 et mercredi 27 avril 2022 à l'aube, une heure avant le lever du Soleil, la vieille Lune se faufile sous Mars, Vénus et Jupiter. Son croissant éblouissant s'affine et la lumière cendrée révèle la tache sombre de la mer des Crises à l'opposé de son globe.

29 avril

Mercure et les Pléiades

Il est facile de repérer l'éclat de Mercure dans le ciel crépusculaire depuis la mi-avril. Aux latitudes européennes, la première planète en s'éloignant du Soleil profite de l'inclinaison favorable de l'écliptique dans le ciel du soir pour nous offrir l'une de ses rares très belles périodes de visibilité. Vue de la Terre, cette planète brille en effet toujours à proximité de la position apparente du Soleil et nous ne pouvons la repérer facilement que lorsque sa trajectoire est bien redressée dans le ciel du crépuscule ou de l'aube. Le vendredi 29 avril, une heure et quart après le coucher du Soleil, Mercure est encore à plus de cinq degrés de hauteur au-dessus de l'horizon ouest-nord-ouest et, surtout, elle brille vivement à moins de deux degrés du petit paquet d'étoiles des Pléiades. Si l'atmosphère n'est pas suffisamment limpide, des jumelles seront indispensables pour distinguer cet amas stellaire. Ces astres sont au ras de l'horizon à la fin du crépuscule, il est donc indispensable de bien choisir votre site pour pouvoir les observer jusqu'à leur coucher.

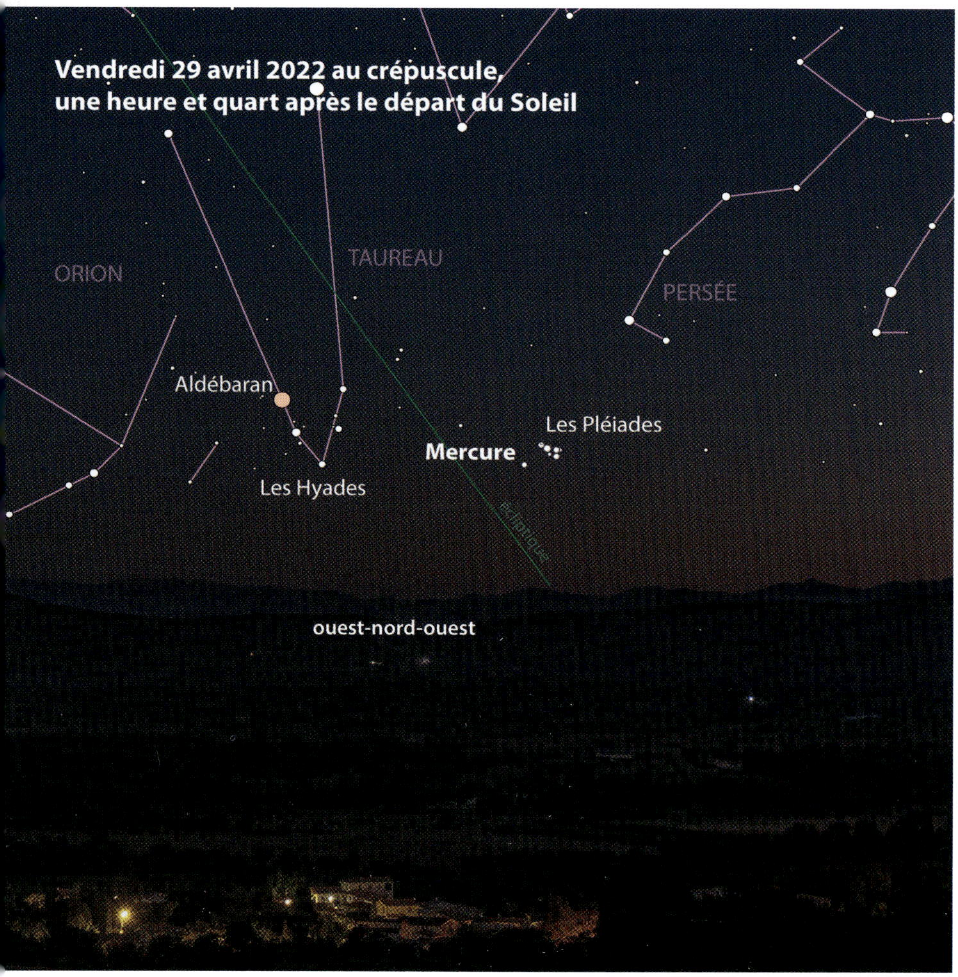

Vendredi 29 avril 2022 au crépuscule, une heure et quart après le départ du Soleil, Mercure et les Pléiades sont côte à côte au-dessus de l'horizon ouest-nord-ouest. La planète est à un degré et demi du cœur de l'amas, il est donc facile d'observer tout ce beau monde dans le même champ aux jumelles ou dans un télescope.

30 avril

Une planète double à l'est

Samedi 30 avril 2022 à l'aube, une heure avant le lever du Soleil, Vénus et Jupiter brillent intensément à quelques degrés de hauteur au-dessus de l'horizon est. La séparation apparente de ces planètes est de 0,7 degré et Vénus, à droite, est la plus éclatante des deux.

Le samedi 30 avril à l'aube, une heure avant l'arrivée du Soleil, Vénus et Jupiter forment une magnifique planète double à moins de cinq degrés de hauteur au-dessus de l'horizon est. Leur séparation apparente est de 0,7 degré seulement, soit un peu plus que le diamètre de la Pleine Lune. Cela signifie qu'il est facile de les cacher simultanément avec le bout de votre petit doigt bras tendu ; elles seront deux fois plus proches le 1er mai. Vous pouvez profiter de l'éclat intense de ces planètes pour tenter de les voir surgir une demi-heure plus tôt au ras d'un horizon lointain et dégagé. Selon les conditions atmosphériques sur votre site, vous distinguerez peut-être alors un rougissement de leur éclat comparable à celui du disque solaire à son coucher ou à son lever ; des jumelles ou un instrument optique plus puissant faciliteront cette observation. En prenant des photographies à cadence rapide avec un puissant téléobjectif, il est même parfois possible de saisir une coloration verte intense sur l'éclat de Vénus lors de son lever – un rayon vert vénusien !

Premier Quartier le 9
Lion

Pleine Lune le 16
Balance

Dernier Quartier le 22
Verseau

Nouvelle Lune le 30
Taureau

À L'AFFICHE DU CIEL

- **Le croissant lunaire du soir :** du 2 au 7 et le 31
- **La Lune gibbeuse et pleine :** du 9 au 22
- **Le croissant lunaire du matin :** du 24 au 29
- **Le ciel sans la Lune :** le 1er et le 30
- **La planète Mercure :** au crépuscule avant le 10, à l'ouest-nord-ouest
- **La planète Vénus :** à l'aube, à l'est
- **La planète Mars :** à l'aube, de l'est à l'est-sud-est
- **La planète Jupiter :** à l'aube, de l'est à l'est-sud-est
- **La planète Saturne :** en fin de nuit, de l'est-sud-est au sud-est

Lever et coucher du Soleil, le 15

ville	lever	coucher
Annecy	6h04	21h01
Bayonne	6h42	21h24
Guéret	6h20	21h18
Lille	6h00	21h30
Nice	6h06	20h49
Paris	6h09	21h26
Quimper	6h38	21h48
Rochefort	6h32	21h29
Strasbourg	5h49	21h03
Toulouse	6h30	21h12

Tous les horaires sont donnés en heure légale française (temps universel + 2 h).

Mai

Lorsque l'on vit dans la plaine et qu'il faut monter jusqu'aux étoiles par des routes sinueuses pour satisfaire un appétit d'observation qui dépasse de loin la simple envie, les retours peuvent être périlleux. J'ai longtemps jonglé avec les horaires, la fatigue et les risques de ces déplacements nocturnes, frôlant l'accident à plusieurs reprises lorsque mes yeux gorgés d'astres se fermaient entre deux virages ou qu'un sanglier ou un cerf débouchait brusquement dans l'éclat de mes phares, avant de décider de ne plus jamais rentrer sans avoir dormi au moins une ou deux heures. Cette brève pause me redonne la vigilance indispensable pour arriver à bon port. Elle m'offre également le luxe de pouvoir me laisser bercer par la course terrestre et de m'endormir sans regret : j'ai accepté mes limites et je vis d'autant mieux mes heures étoilées. Ne pas avoir à songer au départ, ne pas culpabiliser en lançant une autre série de photographies, tout cela accroît considérablement le plaisir d'être dehors et d'admirer l'imperturbable défilé de la voûte céleste. Il m'arrive d'ailleurs de me réveiller couvert de rosée au pied de mes appareils qui cliquettent obstinément devant un ciel déjà bleu et bouger demande alors un réel effort, mais le chant d'un rossignol et les premiers rayons du Soleil valent bien quelques gouttes !

L'Aubrac est célèbre pour ses bonnes tables et ses paysages d'une beauté austère que le printemps constelle de narcisses. Photographe professionnel et grand amateur d'étoiles, Maxime Oudoux nous propose un portrait nocturne de ces fleurs prisées par les plus grands parfumeurs sous un ciel traversé par la Voie lactée. Le Triangle d'été, délimité par les étoiles Véga, Deneb et Altaïr, est installé au-dessus de l'horizon est à la fin de cette nuit printanière. Technique : boîtier Nikon D750 défiltré avec un objectif Samyang de 35 mm diaphragmé à 2,8 ; 6 secondes de pose à 4 000 ISO pour le ciel et 20 secondes pour le sol.

Le ciel du soir

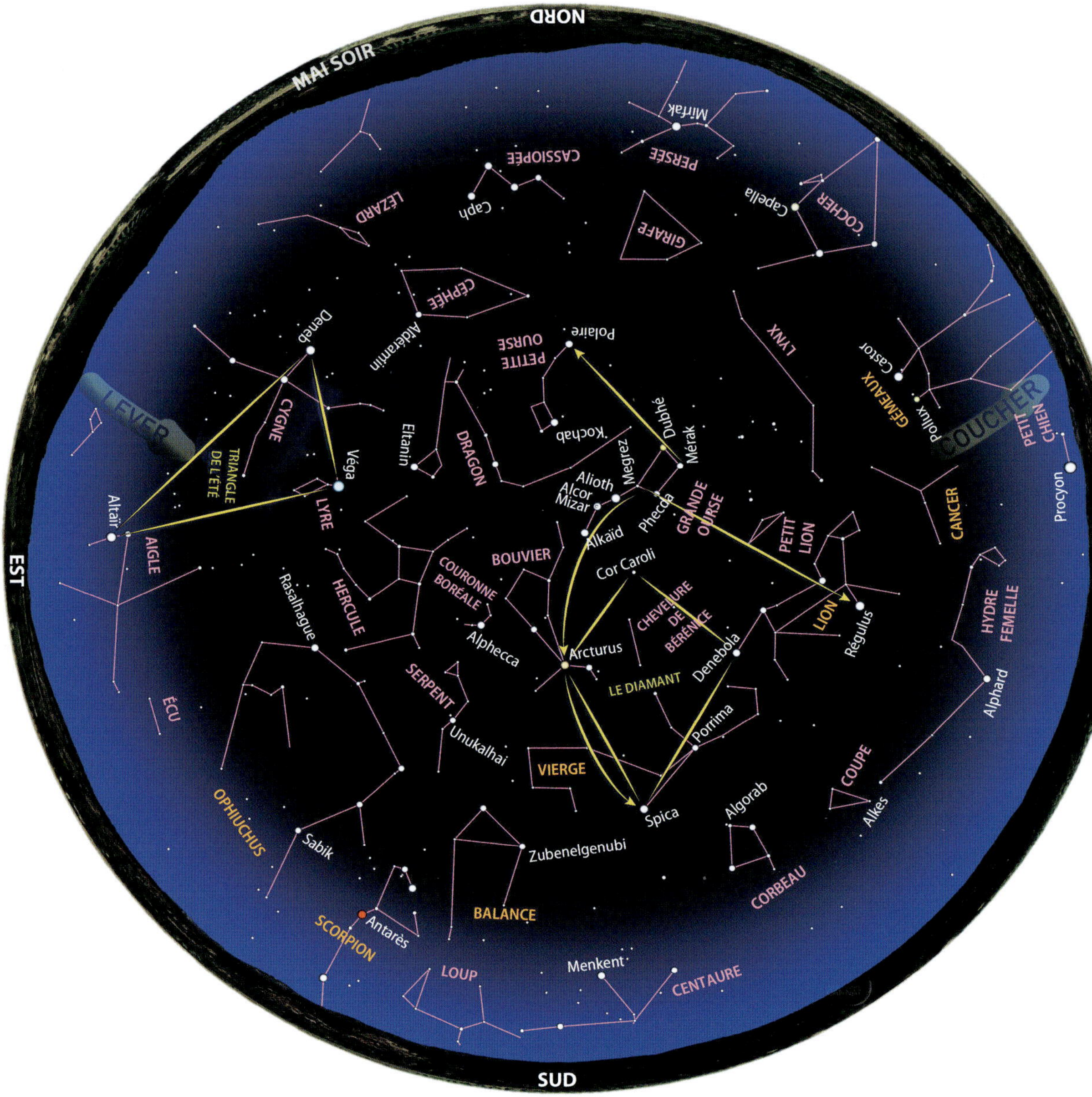

La Vierge et le Bouvier s'installent au méridien à la fin du crépuscule en mai, deux heures plus tard au début du mois qu'à la fin. Les étoiles principales de ces deux constellations sont faciles à trouver en prolongeant la courbe tracée par le manche de la Casserole ou le timon du Chariot, selon l'astérisme que l'on choisit pour nommer la figure dessinée par les sept étoiles les plus brillantes de la Grande Ourse (voir page 12). Le grand losange du Diamant domine le sud de la voûte céleste en début de nuit. Il enclot la Chevelure de Bérénice et une large portion de la Vierge. Cette zone semble bien vide dans les ciels urbains car les étoiles qu'elle contient sont assez peu brillantes, mais sous un ciel noir les étoiles de la Chevelure de Bérénice sont bien visibles à l'œil nu et, dans une lunette ou un télescope, cette région céleste grouille de vie. Celle-ci se manifeste sous la forme de très nombreuses petites taches cotonneuses rondes, elliptiques ou aplaties

Le ciel à l'orée de l'aube

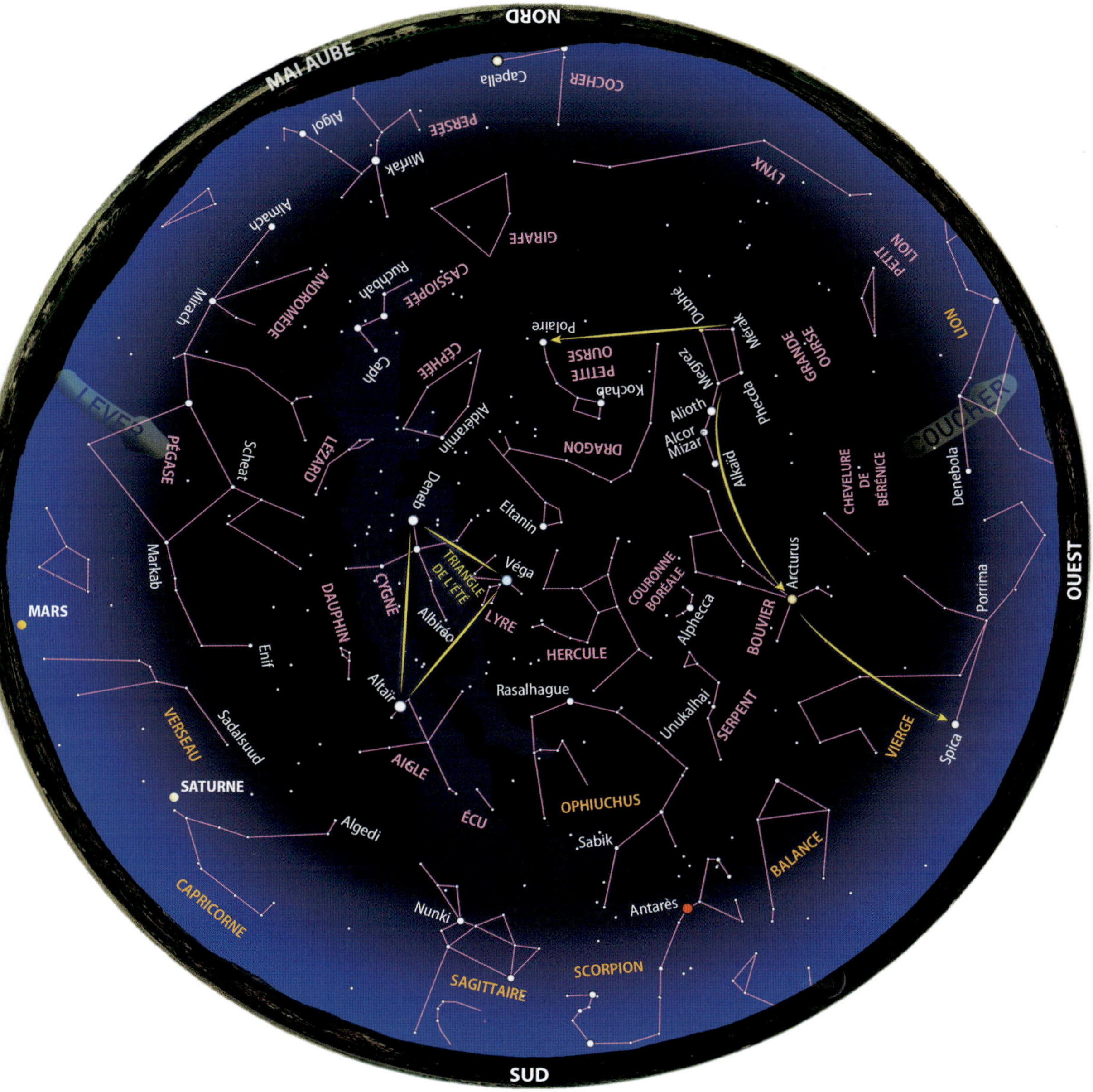

qui sont autant de galaxies lointaines contenant chacune des dizaines de milliards de soleils. Les dernières étoiles du ciel d'hiver, celle du Petit Chien, des Gémeaux ou du Cocher, se couchent tôt à l'ouest, mais, de l'autre côté de l'écran nocturne, le ciel d'été s'impose déjà avec l'éclat rougeoyant d'Antarès au sud-est et le trio Altaïr de l'Aigle, Véga de la Lyre et Deneb du Cygne qui se répartit de l'est au nord-est. À la fin des nuits sans Lune, l'arche de la Voie lactée est superbe dans les sites protégés des lumières artificielles comme ceux des RICE, les réserves internationales de ciel étoilé (voir page 51). Aucune planète ne brille dans le ciel du soir ce printemps, elles sont toutes à l'est, dispersées le long de l'écliptique en fin de nuit et à l'aube.

Consultez la page 11 pour en savoir plus sur l'utilisation de ces cartes du ciel.
La position des planètes est précise pour le 15 du mois.

1er mai

Une seconde chance

Si vous avez raté le rapprochement de Vénus et de Jupiter le dernier matin d'avril, voici votre seconde chance. Le dimanche 1er mai à l'aube, une heure avant le lever du Soleil, ces planètes sont visibles à quatre degrés de hauteur au-dessus de l'horizon est. Leur séparation apparente est deux fois plus faible que la veille : à peine plus de 0,3 degré, soit moins que le diamètre apparent de la Pleine Lune ! À l'œil nu, l'impression de proximité de ces deux diamants est saisissante. Le Soleil est encore à une dizaine de degrés sous l'horizon et l'aube devrait joliment colorer l'écrin matinal de ces deux diamants.

Dimanche 1er mai 2022 à l'aube, une heure avant l'arrivée du Soleil, Vénus et Jupiter brillent vivement à quatre degrés de hauteur au-dessus de l'horizon est. Leur séparation apparente est proche de 0,3 degré.

2 mai

Un croissant d'adieu

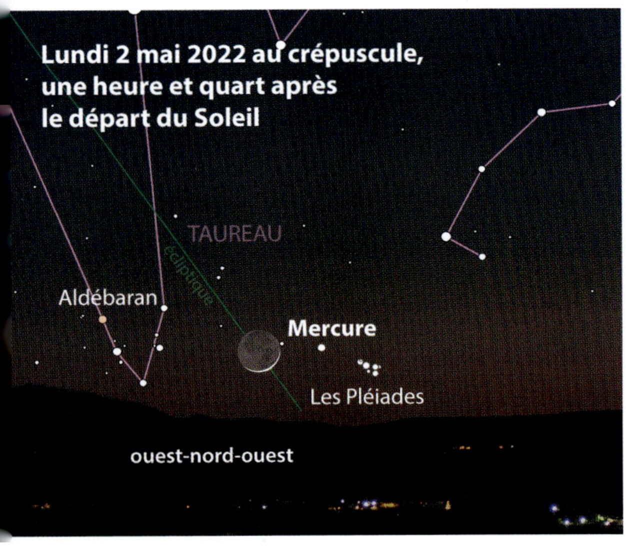

Le lundi 2 mai au crépuscule, une heure et quart après le coucher du Soleil, tournez-vous vers un horizon ouest-nord-ouest dégagé pour repérer le croissant de la jeune Lune. Mercure brille à moins de trois degrés sur sa droite et les Pléiades sont deux degrés plus loin. Il faudra sans doute attendre que le ciel crépusculaire s'assombrisse un peu plus pour voir cet amas ou pour chercher ses étoiles avec des jumelles. Nous approchons de la fin de la belle période de visibilité de Mercure et son éclat est à présent comparable à celui d'Aldébaran.

Lundi 2 mai 2022 au crépuscule, une heure et quart après le départ du Soleil, la jeune Lune, Mercure et l'amas des Pléiades vous attendent au-dessus de l'horizon ouest-nord-ouest.

Photographier une éclipse totale de Lune

Les smartphones touchent rapidement leurs limites lorsqu'il s'agit de photographier le ciel en pleine nuit, mais l'éclipse totale de Lune du 16 mai 2022 a la particularité de se dérouler à l'aube pour les observateurs européens. Le ciel sera de plus en plus clair jusqu'au coucher de la Lune encore éclipsée et vous pourrez donc certainement conserver de bons souvenirs de l'ambiance lumineuse de cette éclipse avec votre téléphone. Gardez-vous cependant de trop zoomer car le résultat sera alors vraisemblablement décevant et calez bien votre appareil pour éviter de trembler pendant la pose. Pour grossir le globe lunaire et bien voir les couleurs qui le parent durant la totalité, utilisez plutôt un boîtier compact ou plein format, dont le capteur et les optiques seront plus performants. N'oubliez pas que la Lune est petite dans le ciel et que, pour commencer à voir des détails à sa surface – cratères, mers ou chaînes de montagnes – et pour mettre en valeur les couleurs cuivrées de l'éclipse, un zoom ou un téléobjectif équivalent à 100 ou 200 mm de focale en plein format est un minimum.

Fixez votre appareil sur un trépied photographique pour qu'il reste stable lors des poses qui peuvent atteindre plusieurs secondes. Si vous avez un déclencheur filaire ou une télécommande, vous n'aurez pas à toucher le boîtier pour déclencher et vous éviterez ainsi de le faire bouger. Pensez, surtout, à faire la mise au point sur le limbe lunaire et à désactiver l'autofocus ; mettez un bout de ruban adhésif sur la bague pour la bloquer par sécurité. Vous pouvez travailler en automatique, mais le mieux est d'utiliser le mode manuel et de faire quelques essais pour trouver le bon temps de pose, l'ouverture et la sensibilité. Un conseil : plus votre téléobjectif sera puissant, plus la pose devra être courte, sinon la rotation de la Terre engendrera un filé de la Lune. Pour éviter cela, il faut fixer votre appareil sur une monture équatoriale motorisée, qui compense la rotation terrestre, mais la procédure devient tout de suite plus complexe !

N'hésitez pas à multiplier les poses en variant la vitesse, l'ouverture, les ISO, et vérifiez le résultat en zoomant sur l'écran de contrôle. Une fois que la Lune sera rentrée à plus de 50 % dans l'ombre, surexposez la zone non éclipsée pour mettre en évidence les couleurs dans les régions déjà plongées dans l'ombre. Si c'est possible avec votre appareil, enregistrez les images en mode RAW plutôt que jpeg, ce qui vous permettra de rattraper les petits défauts d'exposition lors du traitement avec un logiciel comme Lightroom.

Quelques phases de l'éclipse totale de Lune du 28 septembre 2015 ; images prises avec une lunette de 530 mm de focale.
© Guillaume Cannat

16 mai

Une éclipse totale de Lune à l'aube

La particularité de l'éclipse totale de Lune du lundi 16 mai 2022 est qu'elle se déroule en fin de nuit pour les observateurs européens. L'entrée progressive de la Pleine Lune dans l'ombre de la Terre commence avec l'aube et notre satellite est encore éclipsé lorsqu'il se couche au moment du lever du Soleil. La clarté du ciel augmente tout au long du phénomène et il sera peut-être même délicat de voir le disque lunaire cuivré au ras d'un horizon ouest-sud-ouest vivement éclairé. Il s'agit toutefois de la première éclipse totale de Lune visible en France métropolitaine depuis janvier 2019, il est donc hors de question de la rater, quitte à se déplacer pour trouver des conditions météorologiques acceptables.

La carte voisine vous indique les régions du monde d'où cette éclipse est visible intégralement ou lors du coucher ou du lever de la Lune. Les chiffres sur les courbes renvoient aux instants suivants : 1 = début de l'entrée dans la pénombre à partir de 3 h 32 m (heure légale donnée pour la France métropolitaine, soit temps universel + 2 h) ; 2 = début de l'entrée dans l'ombre à partir de 4 h 27 m ; 3 = début de la totalité à 5 h 29 m ; milieu de la totalité à 6 h 11 m ; 5 = fin de la totalité à 6 h 54 m ; 6 = fin de la sortie de l'ombre à 7 h 55 m ; 7 = fin de la sortie de la pénombre à 8 h 51 m. La courbe associée à chacun de ces chiffres indique les régions à partir desquelles on peut voir ces instants.

La France métropolitaine est encadrée par les courbes 3 et 5, il est donc possible de voir l'entrée dans l'ombre et une grande partie de la totalité, mais la Lune se couche avant de sortir de l'ombre. La Pleine Lune se situe à une vingtaine de degrés au-dessus de l'horizon sud-sud-ouest au début de l'entrée dans la pénombre, à une quinzaine de degrés de l'horizon sud-ouest au début de l'entrée dans l'ombre et à moins de dix degrés de l'horizon ouest-sud-ouest au début de la totalité. Le Soleil se situe alors à dix degrés sous l'horizon est-nord-est et la luminosité du fond du ciel croît rapidement durant l'heure qui suit. Si l'atmosphère est limpide avant le coucher de notre satellite naturel, on peut espérer voir une très belle ambiance avec la Lune cuivrée enveloppée par l'écharpe bleu ardoise de l'ombre de la Terre et surmontée par la lueur rosée de la ceinture de Vénus. Rendez-vous sur mon blog *Autour du Ciel* pour avoir plus de conseils d'observation le moment venu.

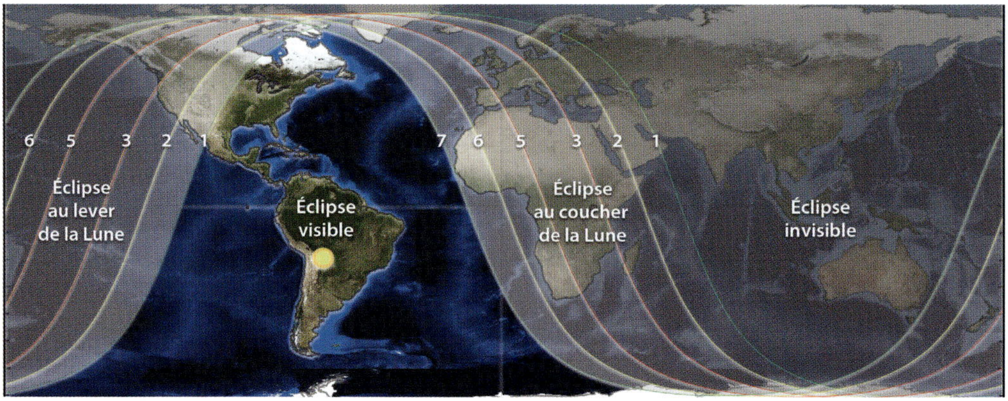

Ce schéma réalisé avec le logiciel Lunar Eclipse Maestro de Xavier Jubier montre les régions du monde qui sont concernées par l'éclipse totale de Lune du lundi 16 mai 2022.

Lorsque la Lune s'enfonce dans l'ombre de la Terre durant une éclipse totale, sa face est éclairée uniquement par le rayonnement solaire filtré qui traverse l'atmosphère à la périphérie de notre planète et elle reflète des couleurs dignes des plus beaux couchers de Soleil. Ces teintes, visibles à l'œil nu, vont de l'orange au rouge brique en passant par toutes les nuances du cuivre ; elles sont parfois même bordées par des lueurs légèrement bleuâtres visibles avec un instrument optique ou photographiquement.

22 mai

Le quartier de Saturne

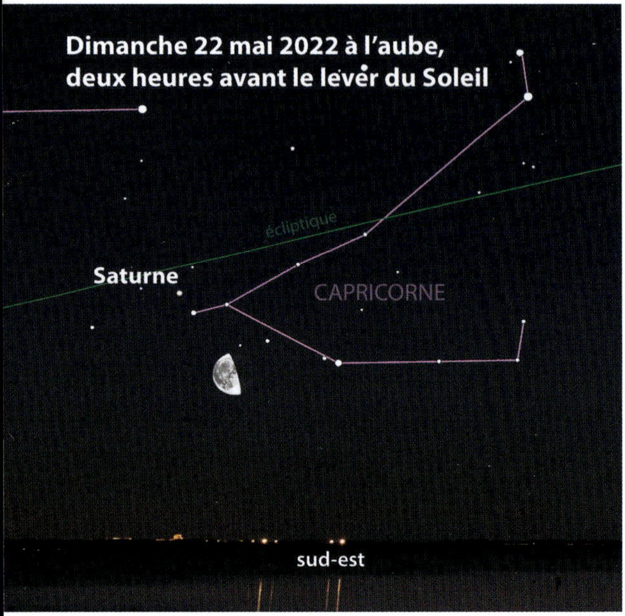

Aux latitudes européennes, nous pouvons suivre jour après jour le lent redressement de l'écliptique dans le ciel de l'aube qui permet enfin à Saturne de s'éloigner de l'horizon. Le dimanche 22 mai, deux heures avant le lever du Soleil, elle brille ainsi à près de quinze degrés de hauteur au-dessus du sud-est, soit l'équivalent de la hauteur de votre poing avec le pouce déployé bras tendu comme pour faire du stop (voir page 143). Saturne est toujours installée à l'est du Capricorne, non loin de l'étoile Deneb Algedi, et c'est une Lune pratiquement à son Dernier Quartier qui luit à près de cinq degrés sous elle ce matin.

Dimanche 22 mai 2022 à l'aube, deux heures avant le lever du Soleil, Saturne et un gros quartier lunaire brillent à plus de dix degrés de hauteur au-dessus de l'horizon sud-est.

25 mai

En route vers Jupiter

Le mercredi 25 mai à l'aube, une heure et demie avant le lever du Soleil, Mars, Jupiter et un fort croissant lunaire dessinent un beau triangle qui pointe vers l'horizon est-sud-est. La Lune est à cinq degrés de hauteur et les deux planètes sont à près de neuf degrés du sol. Mars remonte rapidement l'écliptique vers l'est et son écart apparent avec Jupiter, qui est de deux degrés et demi ce matin, sera de 0,6 degré seulement le 29. Jupiter brille quinze fois plus fort que la planète rouge actuellement, mais ce rapport sera réduit à moins de deux lors de l'opposition de Mars en décembre.

Mercredi 25 mai 2022 à l'aube, une heure et demie avant le lever du Soleil, Mars, Jupiter et la Lune en croissant sont installées au-dessus de l'horizon est-sud-est.

27 mai

À ne pas manquer !

L'éclatante Vénus installée à moins d'un degré du magnifique croissant lunaire inondé de lumière cendrée, voilà un rendez-vous à ne vraiment pas manquer ce vendredi 27 mai à l'aube ! Ces astres se lèvent à l'est-nord-est une heure et demie avant le Soleil et ils brillent à cinq degrés de hauteur vers l'est lorsque l'aube déploie ses teintes les plus spectaculaires. Vous pouvez même poursuivre vos observations jusqu'au lever du Soleil et pendant la matinée si votre ciel est limpide : il est toujours surprenant de constater que le diamant vénusien est plus facile à voir en plein jour que le mince croissant lunaire.

Vendredi 27 mai 2022 à l'aube, une heure avant l'arrivée du Soleil, Vénus et un superbe croissant lunaire vous attendent à près de cinq degrés de hauteur au-dessus de l'horizon est.

29 mai

Mars et Jupiter se mélangent

Le dimanche 29 mai à l'aube, une heure et demie avant le lever du Soleil, Mars et Jupiter mélangent leur éclat au-dessus de l'horizon est-sud-est. Ces planètes ne sont qu'à 0,6 degré d'écart et Mars semble absorbée par l'intensité jovienne. Comme toujours, il faut tenir compte de la profondeur du ciel pour relativiser leur proximité apparente et leur différence d'éclat. Mars est à 220 millions de kilomètres de la Terre fin mai, soit quatre fois plus près que Jupiter, mais elle est beaucoup plus petite – 6 792 km de diamètre équatorial, contre plus de 142 000 km pour Jupiter – et elle réfléchit bien moins d'éclat solaire.

Dimanche 29 mai 2022 à l'aube, une heure et demie avant le lever du Soleil, Mars et Jupiter brillent côte à côte à une dizaine de degrés de hauteur au-dessus de l'horizon est-sud-est.

Premier Quartier le 7
Lion

Pleine Lune le 14
Ophiuchus

Dernier Quartier le 21
Poissons

Nouvelle Lune le 29
Gémeaux

À L'AFFICHE DU CIEL

- **Le croissant lunaire du soir :** du 1er au 5 et le 30
- **La Lune gibbeuse et pleine :** du 8 au 20
- **Le croissant lunaire du matin :** du 22 au 28
- **Le ciel sans la Lune :** le 29
- **La planète Mercure :** à l'aube après le 15, très basse à l'est-nord-est
- **La planète Vénus :** à l'aube, à l'est-nord-est
- **La planète Mars :** en fin de nuit, de l'est à l'est-sud-est
- **La planète Jupiter :** en fin de nuit, de l'est au sud-est
- **La planète Saturne :** en seconde partie de la nuit, de l'est-sud-est au sud-sud-est

Lever et coucher du Soleil, le 15

ville	lever	coucher
Annecy	5h45	21h28
Bayonne	6h24	21h49
Guéret	6h01	21h46
Lille	5h35	22h02
Nice	5h49	21h14
Paris	5h47	21h56
Quimper	6h16	22h18
Rochefort	6h13	21h56
Strasbourg	5h26	21h33
Toulouse	6h12	21h37

Tous les horaires sont donnés en heure légale française (temps universel + 2 h).

Juin

Où passe la frontière entre le rêve et la réalité ? Je m'interroge devant le panorama qui se déploie devant moi. Il est trois heures du matin et la nuit s'achèvera sous peu. J'ai dormi la veille durant le crépuscule pour accumuler des forces lorsque la voûte céleste n'était encore qu'une promesse cachée par des nuages trop nombreux, mais la nuit déborde d'étoiles depuis mon réveil et je vagabonde dans le noir sur le Lingas assagi. Sur la berge du ruisseau qui remplit le lac des Pises, je tombe en arrêt devant le reflet de la Voie lactée et bascule soudainement dans le rêve. Une tapisserie stellaire à peine froissée par le courant semble flotter sur l'eau. Je vois distinctement les méandres blanchis du corps galactique, ses absences et ses rondeurs, ses flaques nébuleuses et ses amas éparpillés. Antarès conserve sa couleur que le temps étale délicatement sur l'onde, comme une fine touche orangée sous le pinceau d'un peintre. La surface est si transparente que les cailloux gris posés sur le fond apparaissent au sein de ce grand déballage cosmique et unissent l'immensité du ciel à mon présent infime. À l'approche de l'aube, l'air et l'eau vibrent soudain et emportent ces minutes précieuses au plus profond de mon être. Ai-je rêvé ou la Terre et l'Univers ont-ils fusionné devant moi ?

La Voie lactée dans le ruisseau du Lingas. Au cœur d'une nuit solsticiale, Antarès du Scorpion franchit le méridien et la Voie lactée se redresse lentement. La teinte verdâtre d'un léger *airglow* colore le ciel au-dessus de la hêtraie printanière et l'écoulement du temps semble suspendu le temps d'une respiration cosmique. Technique : boîtier Sony A7III défiltré avec un objectif Sony GM de 24 mm diaphragmé à 3,2, pose de 4 minutes (30 fois 8 secondes sans entraînement) avec une sensibilité poussée à 5 000 ISO.

Le ciel du soir

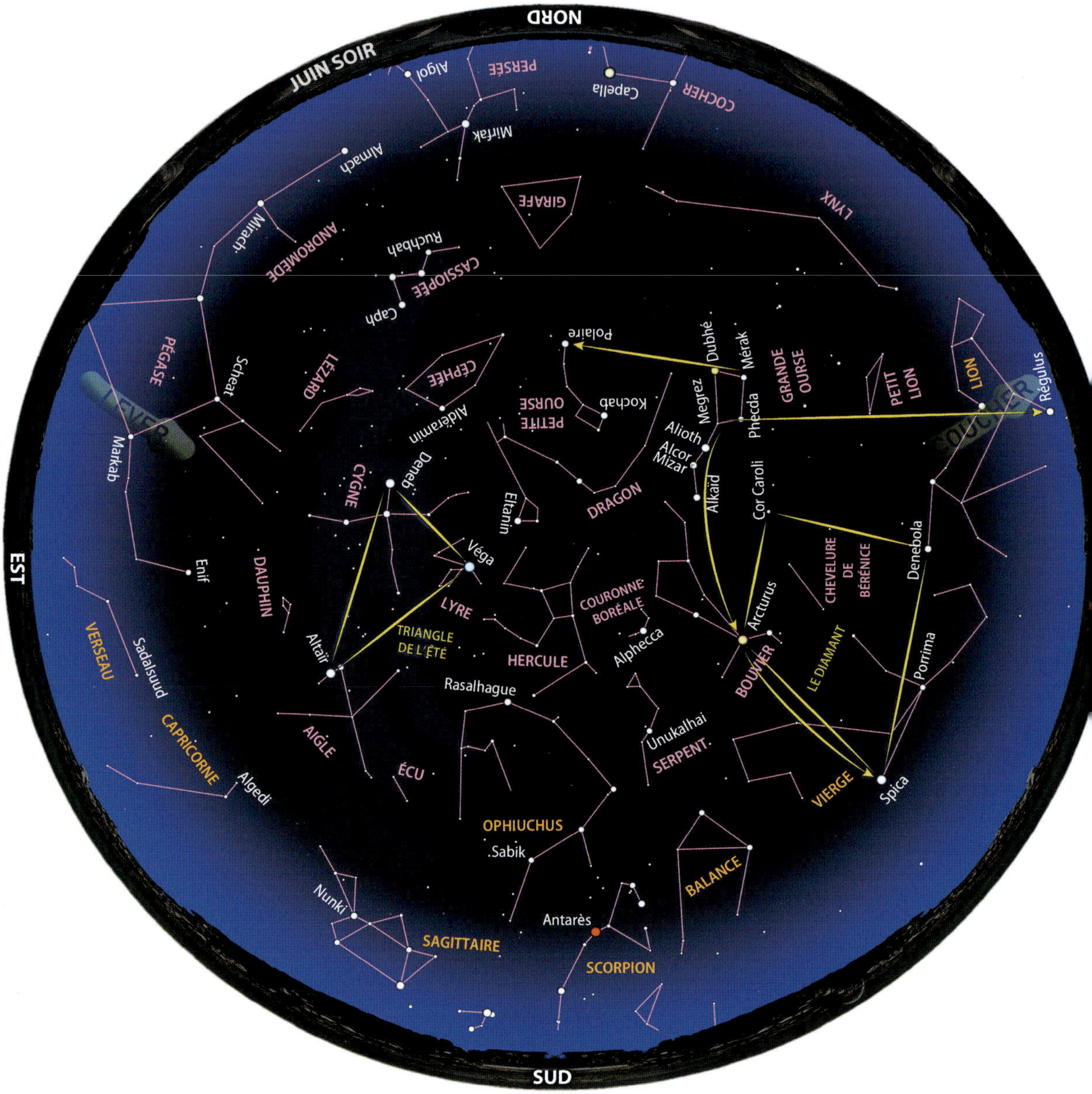

Les très longs crépuscules de juin repoussent le début des observations jusqu'à minuit. Et là où la voûte céleste n'est pas complétement noire, il est tout de même possible de repérer les belles constellations du ciel estival. Au sud, le Scorpion dresse un corps doublement arqué dont la portion supérieure abrite la superbe étoile Antarès, à l'éclat rougeoyant aisément identifiable. En remontant le méridien, vous traversez l'immense figure d'Ophiuchus, le Serpentaire, avant d'atteindre Hercule. Les étoiles d'Hercule ne sont guère brillantes et je vous conseille de vous allonger ou de vous asseoir dans une chaise longue, car elles sont juste sous le zénith. Sur la droite d'Hercule, en redescendant vers Arcturus du Bouvier, remarquez le petit diadème de la Couronne boréale, dont Alphecca, l'étoile la plus brillante, est parfois appelée Gemma. Sur la gauche d'Hercule brille la superbe Véga de la Lyre, l'une des premières étoiles visibles au crépuscule de l'été à l'automne.

Le ciel à l'orée de l'aube

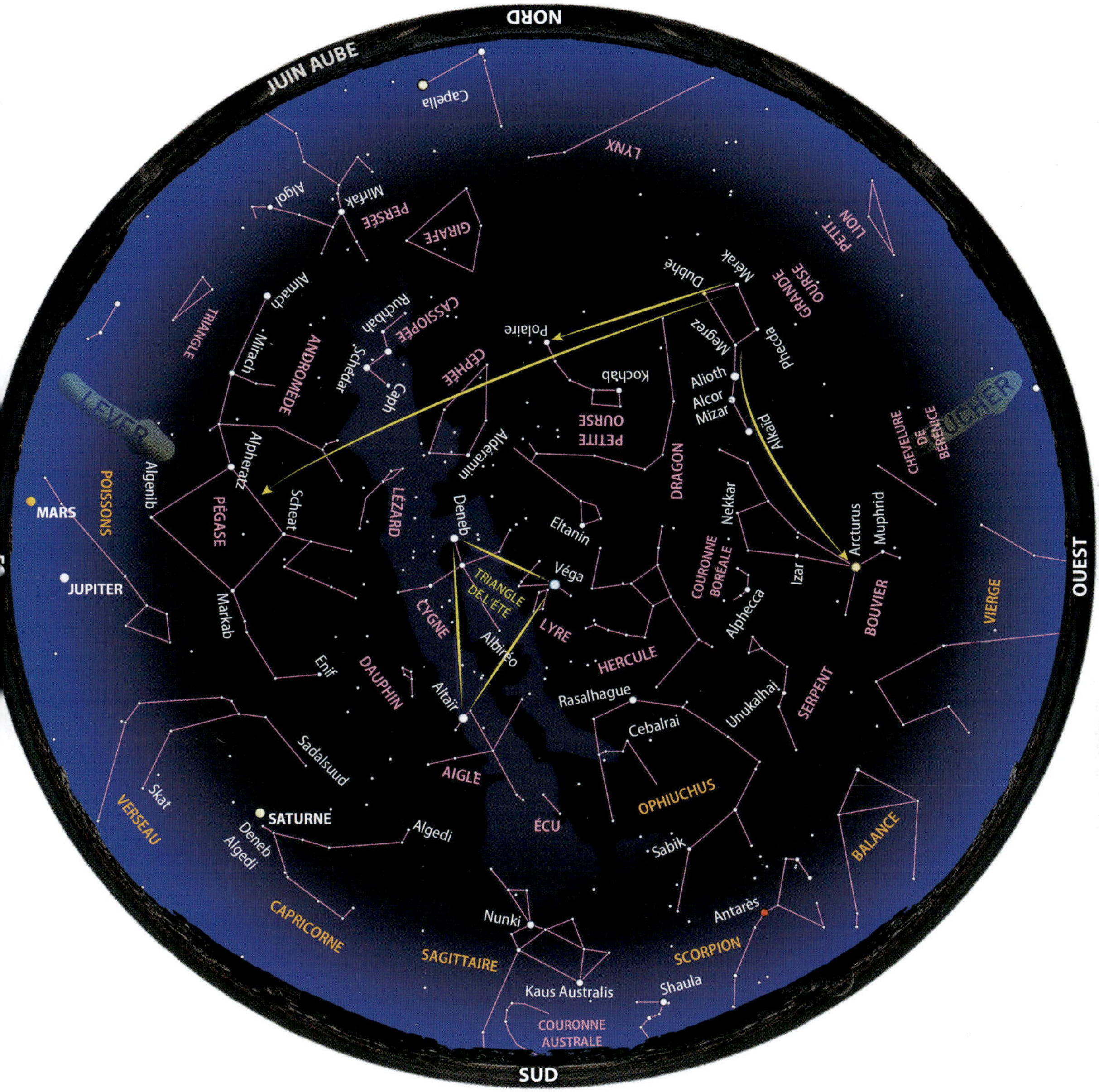

Entre Véga et Hercule se situe l'apex, le point qui nous indique la direction vers laquelle le Soleil fonce avec l'ensemble du Système solaire à près de 20 kilomètres par seconde. Dessinez le Triangle d'été avec Deneb du Cygne et Altaïr de l'Aigle en plus de Véga et cherchez le petit losange du Dauphin en glissant vers l'horizon est. Plus tard dans la nuit, alors que la Voie lactée domine le ciel et que Véga s'accroche au zénith, la constellation de Pégase revient – nous l'avions perdue dans les lueurs crépusculaires en février. En juin, il n'y a aucune planète visible dans le ciel du soir cette année puisqu'elles sont toutes suspendues au fil de l'écliptique en fin de nuit.

Consultez la page 11 pour en savoir plus sur l'utilisation de ces cartes du ciel.
La position des planètes est précise pour le 15 du mois.

Vénus salue le retour des Pléiades

La Terre tournant inéluctablement autour du Soleil, celui-ci semble se déplacer jour après jour vers l'est de l'écliptique et les constellations qui disparaissent dans l'éclat du ciel crépusculaire à son approche sont de retour à l'aube quelques semaines après. Ce cycle est immuable et, de la même façon qu'il est plaisant de retrouver le Scorpion et le Sagittaire à la fin des longues et froides nuits hivernales, il est satisfaisant de saluer le lever des Pléiades à l'aube des courtes nuits qui entourent le solstice d'été. Vénus partage notre enthousiasme cette année puisqu'elle brille vivement à une dizaine de degrés sur la droite de l'amas ouvert du Taureau. Le vendredi 17 juin à l'aube, une heure et demie avant l'éclosion de l'œuf solaire, elle ressemble à un phare étincelant juste au-dessus de l'horizon est-nord-est qui guiderait la course des Pléiades. Ces étoiles sont délicates à repérer à l'œil nu aussi bas dans le ciel, mais laissez passer quelques matins et elles deviendront évidentes et pourront participer à de beaux rassemblements planétaires et lunaires.

Vendredi 17 juin 2022 à l'aube, une heure et demie avant l'apparition du disque solaire, Vénus est facile à repérer à l'œil nu juste au-dessus de l'horizon est-nord-est. À une dizaine de degrés sur sa gauche, le petit groupe des Pléiades réclame un peu plus d'attention.

Samedi 18 et dimanche 19 juin 2022 en fin de nuit, trois heures avant le lever du Soleil, Saturne brille en compagnie de la Lune gibbeuse décroissante à une vingtaine de degrés au-dessus de l'horizon sud-est. Leur séparation apparente est proche de huit degrés.

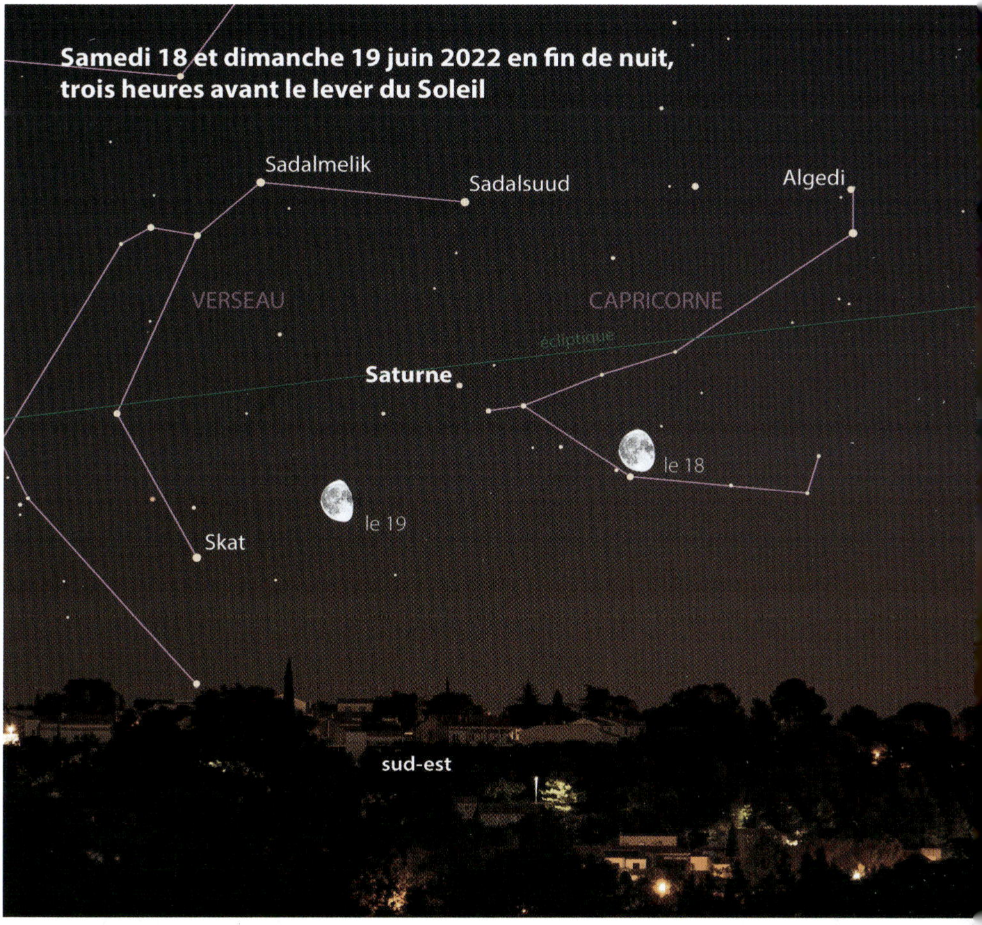

L'opposition en ligne de mire

Le samedi 18 et le dimanche 19 juin en fin de nuit, trois heures avant le lever du Soleil, la Lune côtoie Saturne loin au-dessus de l'horizon sud-est. La planète est à une vingtaine de degrés de hauteur et, dans une lunette ou un télescope, l'observation de ses merveilleux anneaux est de moins en moins dégradée par la turbulence atmosphérique. La Lune qui brille à ses côtés nous montre une phase gibbeuse décroissante, ce qui signifie que nous approchons de l'opposition de cette planète, le moment de l'année où elle se situe à l'opposé du Soleil par rapport à la Terre. Durant cette période, nous pourrons l'observer lorsqu'elle croisera le méridien au cœur de la nuit. Grâce à son glissement vers l'est du Capricorne par rapport à l'année dernière, Saturne franchira cette ligne, qui coupe le ciel en deux selon l'axe nord-sud, à plus de trente degrés de hauteur, soit plus que la hauteur de votre main grande ouverte et bras tendu. Elle sera donc loin des halos de pollution lumineuse et des zones les plus instables de l'atmosphère, ce qui devrait nous offrir de belles conditions d'observation.

Les passages de la Station spatiale internationale et des Starlink

Il y a tellement d'années qu'elle tourne autour de la Terre que la Station spatiale internationale est devenue une compagne fidèle pour les observateurs du ciel. Elle peut être visible plusieurs fois par nuit à certaines périodes de l'année et selon votre site d'observation, mais son passage est rapide, à peine quelques minutes pour aller d'un bord à l'autre du ciel ou se perdre dans le cône d'ombre de notre planète, et il est facile de connaître ses horaires de survol et ses prévisions d'éclat pour un point donné, on peut donc aisément l'éviter si l'on souhaite réaliser des images du ciel sans sa présence. De nombreux sites web, des logiciels et des applications pour smartphone permettent de confirmer un passage que l'on a observé par hasard ou de lister les rendez-vous des prochaines nuits. Le plus connu est le site gratuit Heavens-above.com, qui est extrêmement précis et propose pour chaque survol, en plus des horaires et prévisions d'éclat, la trajectoire de la station sur la carte du ciel visible depuis le site choisi et la carte des régions terrestres survolées. La particularité de la Station spatiale internationale est d'abriter en permanence un équipage et, quoi qu'on en pense, regarder circuler cet éclat lumineux dans le ciel en pensant aux êtres humains qu'il abrite reste émouvant.

Pourtant, ces dernières années, observer la Station spatiale internationale peut faire naître un malaise semblable à celui que l'on éprouve lorsque l'on découvre qu'un lieu que l'on appréciait est envahi par des hordes de touristes qui finissent inévitablement par le dégrader si aucune règle ne vient réguler intelligemment leur flux. Depuis 2019, des centaines et bientôt des milliers de satellites ont ainsi été lancés par la société américaine SpaceX, dirigée par Elon Musk, pour créer un système mondial de connexion à Internet à haut débit. Baptisée Starlink, cette mégaconstellation de satellites n'en est qu'à ses débuts et plus de douze mille engins pourraient être placés en orbite d'ici à 2025 par SpaceX, sans compter les dizaines de milliers d'autres annoncés par des entreprises concurrentes voulant développer leurs propres mégaconstellations.

Le site Heavens-above.com permet de connaître les horaires de survol de ces satellites, mais il y en a déjà tellement que des centaines de passages plus ou moins lumineux sont visibles chaque nuit depuis un site donné. Ils sont moins brillants que la Station spatiale internationale, mais presque tous sont capables de saturer les capteurs électroniques extrêmement sensibles utilisés en astronomie et sont donc potentiellement problématiques pour les astrophotographes et les astronomes professionnels.

Même si elles peuvent résoudre les problèmes de connexion à Internet de certaines régions isolées – mais d'autres solutions techniques terrestres

La Station spatiale internationale a traversé le champ lors de cette pose photographique d'une trentaine de secondes. Elle est tellement brillante que l'on peut la voir sans peine dans un ciel inondé de lumière par l'éclairage artificiel d'une ville proche ou par la Lune.
© Guillaume Cannat

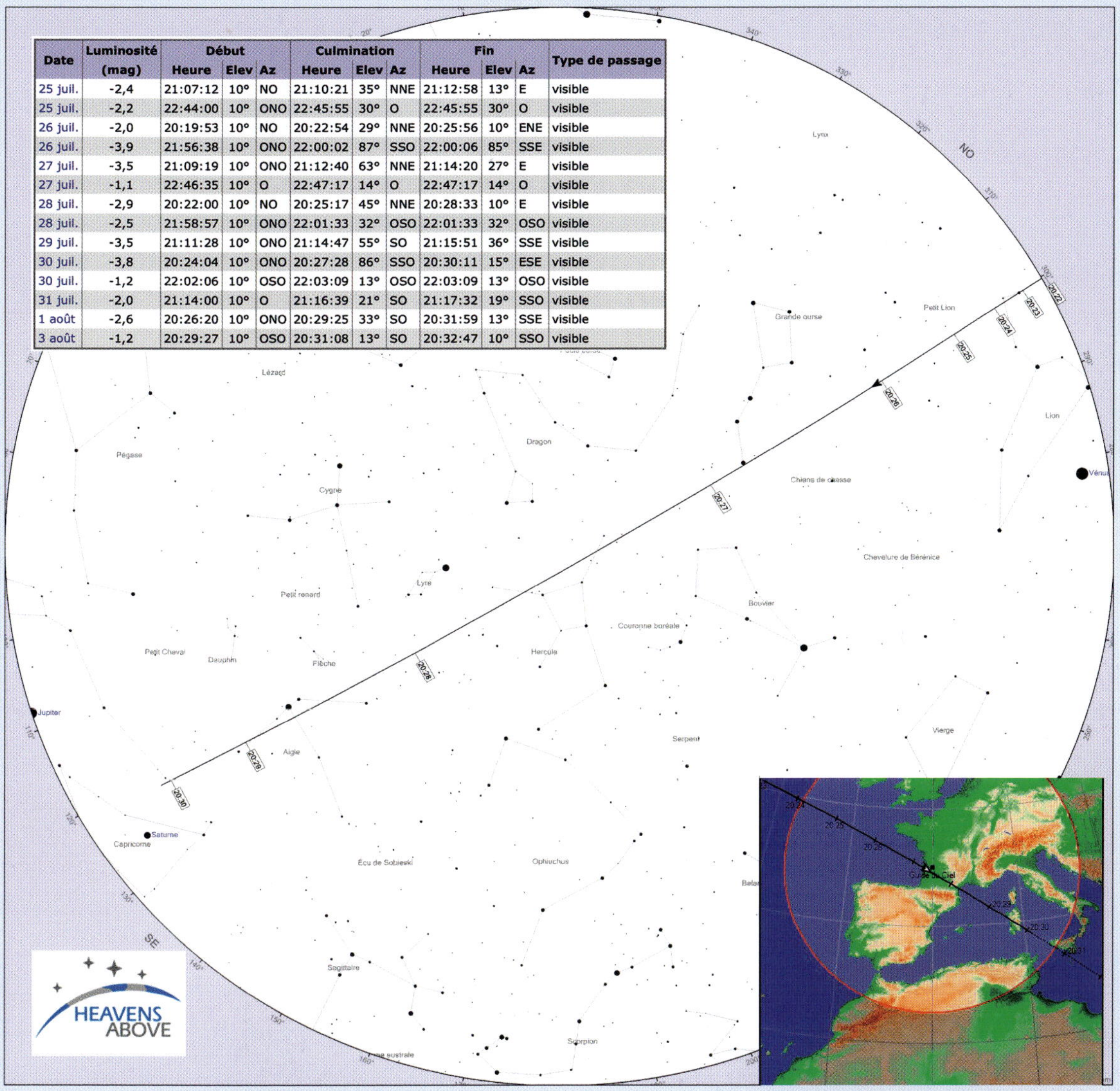

Date	Luminosité (mag)	Début			Culmination			Fin			Type de passage
		Heure	Elev	Az	Heure	Elev	Az	Heure	Elev	Az	
25 juil.	-2,4	21:07:12	10°	NO	21:10:21	35°	NNE	21:12:58	13°	E	visible
25 juil.	-2,2	22:44:00	10°	ONO	22:45:55	30°	O	22:45:55	30°	O	visible
26 juil.	-2,0	20:19:53	10°	NO	20:22:54	29°	NNE	20:25:56	10°	ENE	visible
26 juil.	-3,9	21:56:38	10°	ONO	22:00:02	87°	SSO	22:00:06	85°	SSE	visible
27 juil.	-3,5	21:09:19	10°	ONO	21:12:40	63°	NNE	21:14:20	27°	E	visible
27 juil.	-1,1	22:46:35	10°	O	22:47:17	14°	O	22:47:17	14°	O	visible
28 juil.	-2,9	20:22:00	10°	NO	20:25:17	45°	NNE	20:28:33	10°	E	visible
28 juil.	-2,5	21:58:57	10°	ONO	22:01:33	32°	OSO	22:01:33	32°	OSO	visible
29 juil.	-3,5	21:11:28	10°	ONO	21:14:47	55°	SO	21:15:51	36°	SSE	visible
30 juil.	-3,8	20:24:04	10°	ONO	20:27:28	86°	SSO	20:30:11	15°	ESE	visible
30 juil.	-1,2	22:02:06	10°	OSO	22:03:09	13°	OSO	22:03:09	13°	OSO	visible
31 juil.	-2,0	21:14:00	10°	O	21:16:39	21°	SO	21:17:32	19°	SSO	visible
1 août	-2,6	20:26:20	10°	ONO	20:29:25	33°	SO	20:31:59	13°	SSE	visible
3 août	-1,2	20:29:27	10°	OSO	20:31:08	13°	SO	20:32:47	10°	SSO	visible

Le site gratuit Heavens-above.com permet de connaître à l'avance les dates et horaires des passages de la Station spatiale internationale pour un site donné. Une carte du ciel avec la trajectoire de chaque passage permet de préparer vos observations.

existent – et jouent sur le besoin grandissant de liaisons à haut débit engendré par la crise sanitaire mondiale, ces mégaconstellations vont provoquer une importante dégradation de la qualité des observations scientifiques de l'Univers et un accroissement considérable des dégâts environnementaux infligés à notre planète : les problèmes liés aux débris spatiaux et à la pollution atmosphérique induite par les lanceurs vont notamment croître démesurément. Et tout cela sans aucune consultation ou régulation à l'échelle internationale, juste pour satisfaire la cupidité de quelques richissimes entrepreneurs profitant de cette absence de cadre légal pour s'approprier et dégrader un bien commun de l'humanité. Il est donc impératif que l'ONU se saisisse du problème dans les plus brefs délais.

Du 21 au 23 juin

Un petit tour dans la Baleine

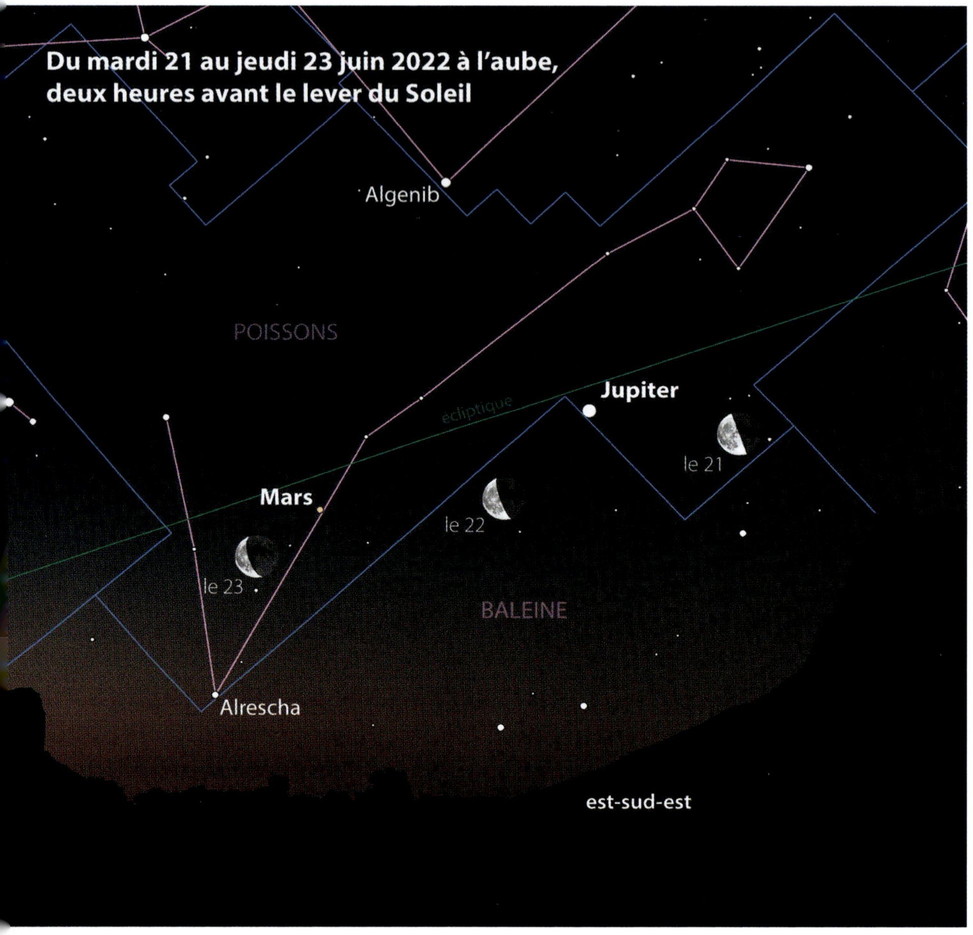

Du mardi 21 au jeudi 23 juin 2022 à l'aube, deux heures avant le lever du Soleil, le Dernier Quartier se transforme en un beau croissant en glissant de Jupiter à Mars dans les Poissons et la Baleine. Ces astres sont à une quinzaine de degrés de hauteur au-dessus de l'horizon est-sud-est.

Si vous pensez que les planètes circulent toujours dans les constellations zodiacales – les treize figures célestes inventées par nos lointains ancêtres que traverse le Soleil dans sa course apparente annuelle –, il est temps de rafraîchir vos connaissances, car Jupiter s'apprête à passer plusieurs mois dans la Baleine. La planète géante du Système solaire circule en effet à plus d'un degré au sud de l'écliptique actuellement et la Baleine est l'une des constellations dont la frontière frôle cette ligne au sud des Poissons, elle reçoit donc régulièrement la visite de la Lune et des planètes. Du mardi 21 au jeudi 23 juin à l'aube, le quartier lunaire vogue de Jupiter à Mars. Il est dans les Poissons le 21 et le 23, mais, le 22, il brille dans la Baleine, semblant ouvrir la voie à Jupiter, qui entrera dans cette constellation le 25 juin. Elle y restera jusqu'au début septembre, donc durant tout l'été vous verrez briller Jupiter au nord de cette immense figure céleste. Ce n'est pas une constellation très facile à identifier dans un ciel urbain car ses étoiles sont peu brillantes et leur éclat est souvent gommé par la pollution lumineuse.

26 et 27 juin

Toutes les planètes à l'aube

Le dimanche 26 et le lundi 27 juin à l'aube, une heure avant le lever du Soleil, alors que Saturne atteint le méridien et qu'au sud-est Jupiter s'avance dans la Baleine sous le regard rougi de Mars, Vénus reçoit la visite d'un mince croissant lunaire à l'est-nord-est. L'arc d'argent est d'une finesse appréciable et la lumière cendrée fait luire le pourtour du globe sélène qui, le lendemain, surplombe l'éclat délicat de Mercure au ras du sol. En commençant votre observation une demi-heure plus tôt, alors que Vénus se lève à peine, l'amas des Pléiades est visible sept degrés plus haut que la planète. La planète de la déesse de l'amour et ce groupe scintillant étaient en conjonction à moins de six degrés d'écart le 23 juin, mais les choses ne durent jamais lorsque Vénus est impliquée et elle s'éloigne déjà en poursuivant sa course vers le Soleil. Depuis le 21 juin, toutes les planètes visibles à l'œil nu – Mercure, Vénus, Mars, Jupiter et Saturne – sont dispersées le long de l'écliptique dans leur ordre naturel ; cela restera le cas jusqu'au début du mois de juillet, puis Mercure quittera la scène.

Dimanche 26 et lundi 27 juin 2022 à l'aube, une heure avant le lever du Soleil, Vénus, Mercure et les Pléiades reçoivent la visite du mince croissant de la vieille Lune au-dessus de l'horizon est-nord-est. La lumière cendrée est splendide le 26 et s'atténue le 27.

Premier Quartier le 7
Vierge

Pleine Lune le 13
Sagittaire

Dernier Quartier le 20
Poissons

Nouvelle Lune le 28
Cancer

À L'AFFICHE DU CIEL

- **Le croissant lunaire du soir :** du 1er au 5 et du 30 au 31
- **La Lune gibbeuse et pleine :** du 7 au 19
- **Le croissant lunaire du matin :** du 22 au 27
- **Le ciel sans la Lune :** le 28 et le 29
- **La planète Mercure :** inobservable
- **La planète Vénus :** à l'aube, à l'est-nord-est
- **La planète Mars :** en seconde partie de nuit, de l'est-nord-est au sud-est
- **La planète Jupiter :** en seconde partie de nuit, de l'est au sud-sud-est
- **La planète Saturne :** une grande partie de la nuit, de l'est-sud-est au sud

Lever et coucher du Soleil, le 15

ville	lever	coucher
Annecy	6h00	21h23
Bayonne	6h39	21h45
Guéret	6h16	21h41
Lille	5h52	21h55
Nice	6h03	21h10
Paris	6h03	21h50
Quimper	6h33	22h12
Rochefort	6h28	21h51
Strasbourg	5h43	21h27
Toulouse	6h27	21h33

Tous les horaires sont donnés en heure légale française (temps universel + 2 h).

Juillet

Cette jubilation qui accélère mon cœur lorsque j'arrive en fin d'après-midi sur le site d'une image longtemps imaginée et qu'un bleu céruléen inonde le ciel. Les quelques cumulus porteurs de rêves ne m'inquiètent pas car ils s'évanouiront avec le jour, me laissant seul face aux étoiles. La réalisation de la photographie d'un paysage céleste ne prend, techniquement, que quelques minutes. Le plus long, et de beaucoup, est sa création. Il y a bien sûr des images instinctives prises dans l'enchaînement des circonstances nocturnes lorsqu'un regard révèle soudain une perspective attrayante. Mais je pars pratiquement toujours sous les étoiles pour photographier des scènes que j'ai longuement mûries en me remémorant de beaux instants ou des lieux fascinants. Des dizaines d'images en gestation défilent ainsi dans ma tête et les éclaircies qui s'annoncent m'entraînent vers l'une ou l'autre en fonction de l'éclat lunaire du moment. Certaines années, les nuits favorables se multiplient et vident joyeusement mes listes, mais, la plupart du temps, celles-ci ne font que s'allonger au rythme de l'assombrissement de mon moral. Ce soir, je jubile devant un ciel parfait et je vais tenter de concrétiser un grand portrait céleste que j'imagine depuis bientôt deux ans.

Au mois de juin 2021, après deux années de tentatives infructueuses ou partiellement fructueuses, j'ai enfin pu bénéficier d'une nuit entière astronomiquement parfaite sur un point de vue qui surplombe les gorges du Tarn au sud du causse de Sauveterre. Aucun nuage, pas de vent, une transparence magnifique et très peu de diffusion, ce qui limitait l'expansion des halos de pollution lumineuse engendrés par les villes de la côte méditerranéenne. J'ai ainsi pu réaliser des images avec un long temps de pose pour magnifier la tapisserie stellaire du cœur de notre galaxie. Technique : boîtier Sony A7III et objectif Zeiss de 55 mm diaphragmé à 2,8, quatre minutes de pose à 4 000 ISO.

Le ciel du soir

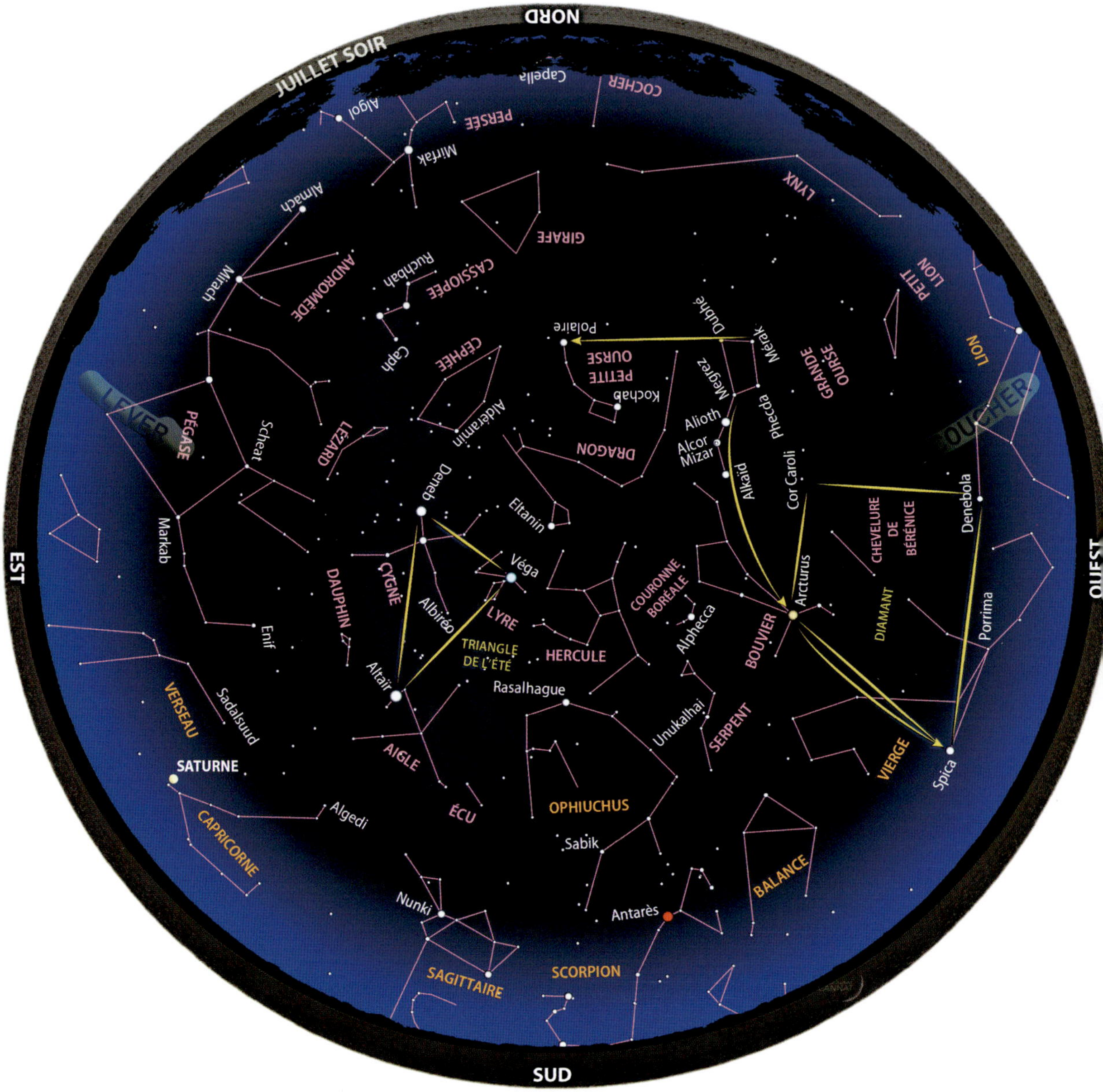

La nuit noire tarde à venir en juillet et le début des observations célestes est repoussé autour de minuit. À ce moment-là, si la Lune éblouissante est absente, il est possible de découvrir la Voie lactée dans les sites éloignés des lumières urbaines. Elle domine le côté est du bol nocturne, avec la constellation de Persée au ras de l'horizon nord-nord-est, celle du Scorpion au sud-sud-ouest et le Triangle de l'été pratiquement suspendu au zénith par son étoile Véga. Notez que les figures printanières sont encore présentes en début de nuit, avec le grand losange de l'astérisme du Diamant, qui assemble les étoiles Cor Caroli, Arcturus, Spica et Denebola, couché sur l'horizon ouest. Notre galaxie a la forme approximative d'une galette tournant sur elle-même et son axe de rotation pointe vers la Chevelure de Bérénice, au beau milieu du Diamant. Avec un peu

Le ciel à l'orée de l'aube

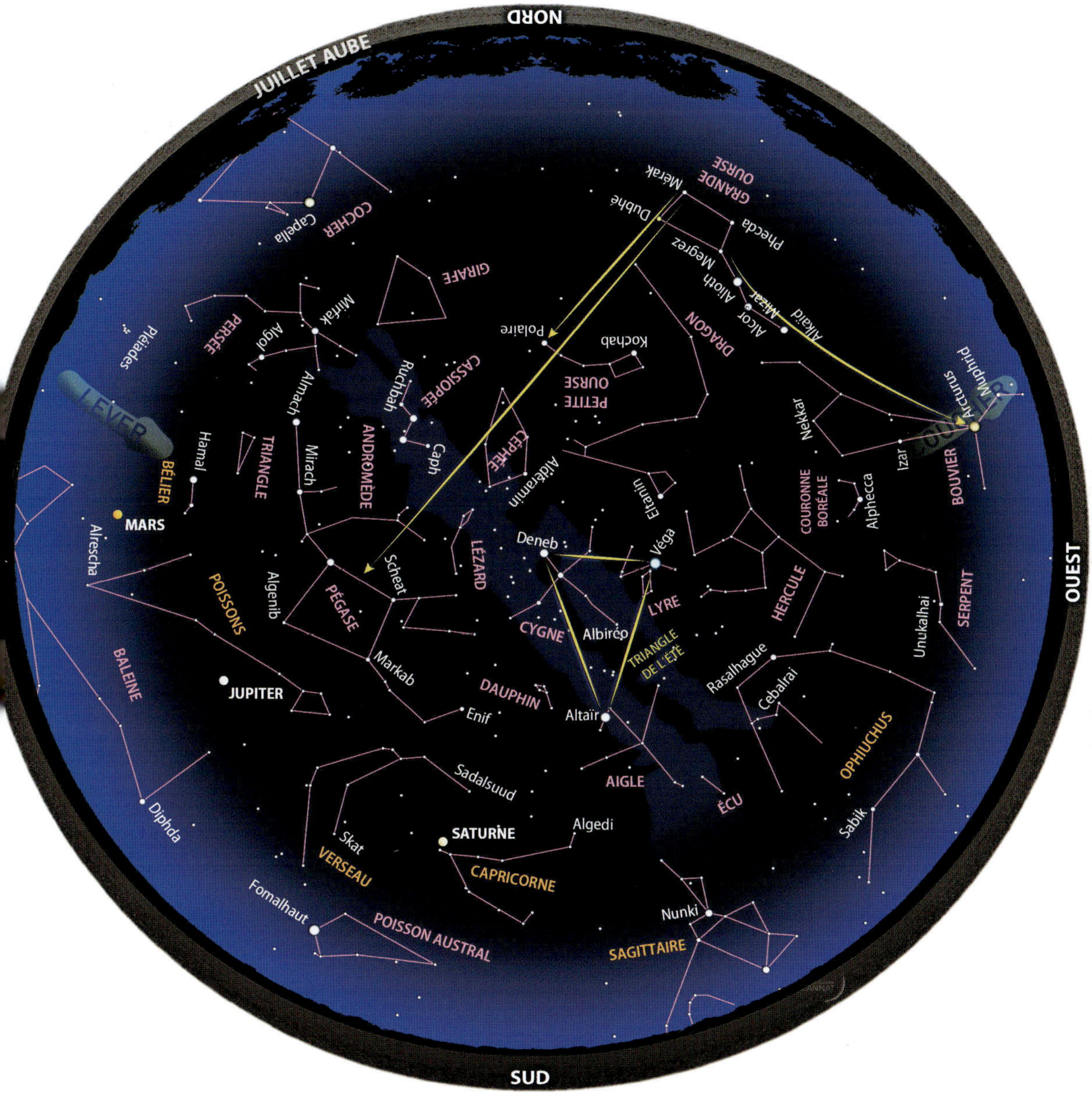

d'imagination, vous pouvez « voir » la lente giration de la Voie lactée se matérialiser dans le ciel. Le grand carré de Pégase s'élève de plus en plus tôt au-dessus de l'horizon est et il entraîne l'arc d'Andromède, qui vous ramène jusqu'à Persée si vous le prolongez. L'été, dans l'hémisphère Nord, l'écliptique est rabattu vers l'horizon sud et les constellations zodiacales (dont les noms sont colorés en orange sur les cartes) sont confinées dans la bande la plus turbulente et polluée de la voûte nocturne. Cette année, Saturne arrive de plus en plus tôt dans le ciel du soir et nous accompagne jusqu'à l'aube. Jupiter, Mars et Vénus sont visibles en seconde partie de nuit et à l'aube.

Consultez la page 11 pour en savoir plus sur l'utilisation de ces cartes du ciel.
La position des planètes est précise pour le 15 du mois.

Saturne et une grosse Lune

Saturne est la première planète visible au cours de la nuit du vendredi 15 au samedi 16 juillet. Elle apparaît à l'horizon est-sud-est au crépuscule, moins de deux heures après le coucher du Soleil, et la Lune gibbeuse décroissante la suit une vingtaine de minutes plus tard. Deux jours après la Pleine Lune, la fraction éclairée de notre satellite naturel dépasse encore 90 % et Saturne doit puiser dans ses réserves d'éclat pour s'imposer à cinq degrés de ce puissant lampadaire naturel. Nous sommes à moins d'un mois de l'opposition de la planète aux anneaux et elle nous accompagne donc jusqu'à la fin de la nuit : le 16 juillet à l'orée de l'aube, elle brille au méridien à trente degrés de hauteur au-dessus de l'horizon sud. Les anneaux qui font toute la beauté de cette lointaine planète ne sont absolument pas visibles à l'œil nu. Il faut un instrument optique avec un grossissement d'une trentaine de fois pour les distinguer, ce qui est accessible aux petites lunettes de 50 à 60 mm de diamètre. Profitez d'une soirée d'observation publique comme il s'en produit des centaines en France durant l'été pour découvrir ou faire découvrir à vos enfants la beauté cristalline des anneaux de Saturne.

Durant la nuit du vendredi 15 au samedi 16 juillet 2022, suivez la procession de Saturne et de la Lune gibbeuse décroissante. Ces deux astres apparaissent à l'est-sud-est avant la fin du crépuscule et leur séparation apparente est proche de cinq degrés.

19 juillet

Jupiter, la Lune et Mira Ceti

Mardi 19 juillet 2022 à l'aube, deux heures avant le lever du Soleil, Jupiter et la Lune gibbeuse décroissante surplombent l'horizon sud-est de plus de trente-cinq degrés. Profitez-en pour tenter de repérer l'étoile variable Mira Ceti, qui est actuellement à son éclat maximum.

Le mardi 19 juillet à l'aube, deux heures avant le lever du Soleil, Jupiter et la Lune encore faiblement gibbeuse sont côte à côte à plus de trente-cinq degrés de hauteur au-dessus de l'horizon sud-est. La planète géante brille à un peu plus de deux degrés et demi du limbe septentrional de Séléné. Pour faire écho à leur rendez-vous du mois dernier (voir page 74), ces deux astres sont installés dans la constellation de la Baleine, juste en dessous de la frontière avec les Poissons. Profitez-en pour tenter de repérer l'étoile variable Mira Ceti, qui est actuellement à son éclat maximum, aussi brillante que l'étoile Polaire. Première étoile variable repérée dans le ciel il y a quelques siècles, Mira est une étoile géante rouge près de 700 fois plus volumineuse que le Soleil, et si on la plaçait au centre du Système solaire, elle engloutirait sans peine l'orbite de Mars. Distante de 420 années-lumière environ, Mira approche de la dernière phase de son cycle d'évolution, qui devrait la voir créer une vaste coquille de gaz autour d'elle – une nébuleuse planétaire – lorsqu'elle perdra ses couches externes. Mais Mira appartient à un système stellaire double et sa compagne est une naine blanche qui est déjà passée par toutes les phases que Mira s'apprête à traverser. Il n'est donc pas impossible que l'interaction entre ces deux astres provoque un cataclysme final bien plus violent, sa voisine pouvant profiter de l'apport de matière provenant du gonflement de Mira pour se transformer en supernova : réponse demain ou dans un million d'années...

Une nuit entière sous les étoiles

Consacrer une nuit entière à la contemplation du ciel, du crépuscule à l'aube, est une petite aventure. Cela demande un peu d'organisation et, souvent, un déplacement plus ou moins long pour s'éloigner des sources intenses de pollution lumineuse que sont devenues les grandes agglomérations. Plus leurs lumières artificielles éclairent le ciel, moins les étoiles sont visibles, et pour voir la Voie lactée il faut souvent s'éloigner de plusieurs dizaines de kilomètres de son lieu de résidence.
Une fois le site de votre pérégrination nocturne choisi (voir page 51), préparez les affaires à emporter. Il est facile de se refroidir lorsque l'on demeure immobile sous un ciel chargé d'astres, même en été, et de bonnes chaussures comme des habits chauds sont indispensables pour tenir sereinement toute la nuit. Une grande couverture à étendre sur le sol est un plus appréciable, tout comme quelques bricoles à grignoter et une boisson chaude à sortir triomphalement de votre sac au cœur de la nuit. Enfin, si vous vous déplacez dans l'obscurité, pensez à prendre une lampe et à vérifier la charge des piles. Attention toutefois de toujours éclairer vers le sol, jamais vers le ciel ou vers le visage de quelqu'un, ce qui provoquerait un éblouissement douloureux et une baisse de sensibilité immédiate pour l'observation. Les observateurs ont d'ailleurs l'habitude d'utiliser des lampes teintées ou couvertes d'un épais filtre rouge car cette couleur est bien moins perturbante pour notre vision nocturne. Vous pouvez emporter ce livre ou télécharger une application sur votre smartphone si vous souhaitez essayer de reconnaître les principales étoiles et constellations, mais c'est loin d'être indispensable pour une première approche, lors de laquelle il sera simplement plaisant et fascinant de déambuler au hasard entre les étoiles et les méandres irréguliers de la Voie lactée. Vous en tirerez une satisfaction purement esthétique que vous pourrez progressivement enrichir de nouvelles connaissances au fil de vos futures observations.

Arrangez-vous pour arriver sur votre site en fin d'après-midi pour profiter du changement d'ambiance, aussi bien visuelle que sonore, lorsque le crépuscule repousse le jour et que les grillons, crapauds et autres chouettes libèrent leurs envies dans l'obscurité croissante. Votre vision s'adapte progressivement à la baisse de la luminosité et, moins d'une heure après le coucher du Soleil, les premières étoiles apparaissent : Véga de la Lyre sous le zénith, Arcturus du Bouvier loin au-dessus de l'horizon sud-ouest et Antarès du Scorpion qui affiche son bel éclat rouge-orangé au sud. En juillet, il faut attendre plus de deux heures

Pour revivre en accéléré la nuit dont je parle dans l'introduction de ce mois (page 76), je vous invite à regarder sur ma chaîne YouTube la vidéo « Lever de la Voie lactée au-dessus des gorges du Tarn », qui montre un ciel parfait du crépuscule à l'aube.
© Guillaume Cannat

Lorsque l'on passe la nuit sous un ciel très sombre dans un site protégé des lumières artificielles, la Voie lactée acquiert une présence exceptionnelle à l'œil nu et l'on peut la photographier à très haute sensibilité pour révéler les détails et les couleurs que nos yeux ne perçoivent pas. De telles images accentuent bien sûr l'impact apparent de la pollution lumineuse que l'on devine pourtant à peine à l'œil nu, mais il n'y a plus beaucoup de sites sur notre planète où il est possible de l'éviter.

pour que la nuit s'installe vraiment et que la Voie lactée s'impose. Les nuits sans éclairage lunaire, elle forme une magnifique arche qui va du nord au sud en surplombant l'est. Ses portions les plus brillantes sont visibles entre les étoiles Véga, Deneb et Altaïr – la région du Triangle de l'été – et dans les constellations du Scorpion, d'Ophiuchus et du Sagittaire, qui occupent le sud de la voûte céleste et sont d'autant plus hautes dans le ciel que vous vous situez au sud de l'Europe.

Après une heure passée dans le noir, sans aucun éclat lumineux gênant pour vos yeux, la Voie lactée prendra une épaisseur nouvelle et vous commencerez à distinguer les zones plus sombres qui la parcourent et nous signalent les grandes nébuleuses obscures qui cachent les étoiles plus lointaines (lire les pages 92 et 93). Allongez-vous et laissez votre esprit divaguer en goûtant au grand plaisir de vous endormir quelques instants sous les étoiles avant qu'un bruit, un courant d'air ou la question d'un enfant ne vous réveille. Si vous avez froid, marchez un peu ou sortez votre boisson chaude : cela vous redonnera l'énergie nécessaire pour atteindre l'autre côté de la nuit. Ne vous découragez pas, car tenir jusqu'à l'aube et voir la Voie lactée se fondre peu à peu dans le bleu du jour apporte une joie délicieuse ; on se sent revigoré et prêt à tout. Mais je vous conseille tout de même de dormir un peu avant de reprendre la route !

Du 21 au 23 juillet

La Lune, de Mars aux Pléiades

La route est encore longue pour la planète rouge qui va se rapprocher d'une centaine de millions de kilomètres de la Terre avant son opposition du début décembre. Pourtant, à 180 millions de kilomètres de nous, son éclat est déjà proche de la magnitude zéro et sa coloration rouge-orangé est vraiment superbe. En sortant sous un ciel dégagé à l'orée de l'aube, deux heures avant le lever du Soleil, comparez Mars à Véga, que vous pouvez repérer loin au-dessus de l'horizon ouest (utilisez la carte de la page 79). L'éclat de l'étoile principale de la Lyre est un peu plus puissant, mais, surtout, il a une teinte blanc-bleu bien différente du cuivre martien. Du jeudi 21 au samedi 23 juillet, la Lune glisse de six degrés à droite de cette planète jusqu'à moins de quatre degrés au sud des Pléiades. Dans le même temps, son quartier se transforme en un joli croissant embelli par la lumière cendrée. Ces astres brillent tous à plus de vingt degrés de hauteur au-dessus de l'horizon est et ils sont visibles en ville, sauf, peut-être, les Pléiades si vous vous tenez sur une place trop vivement éclairée.

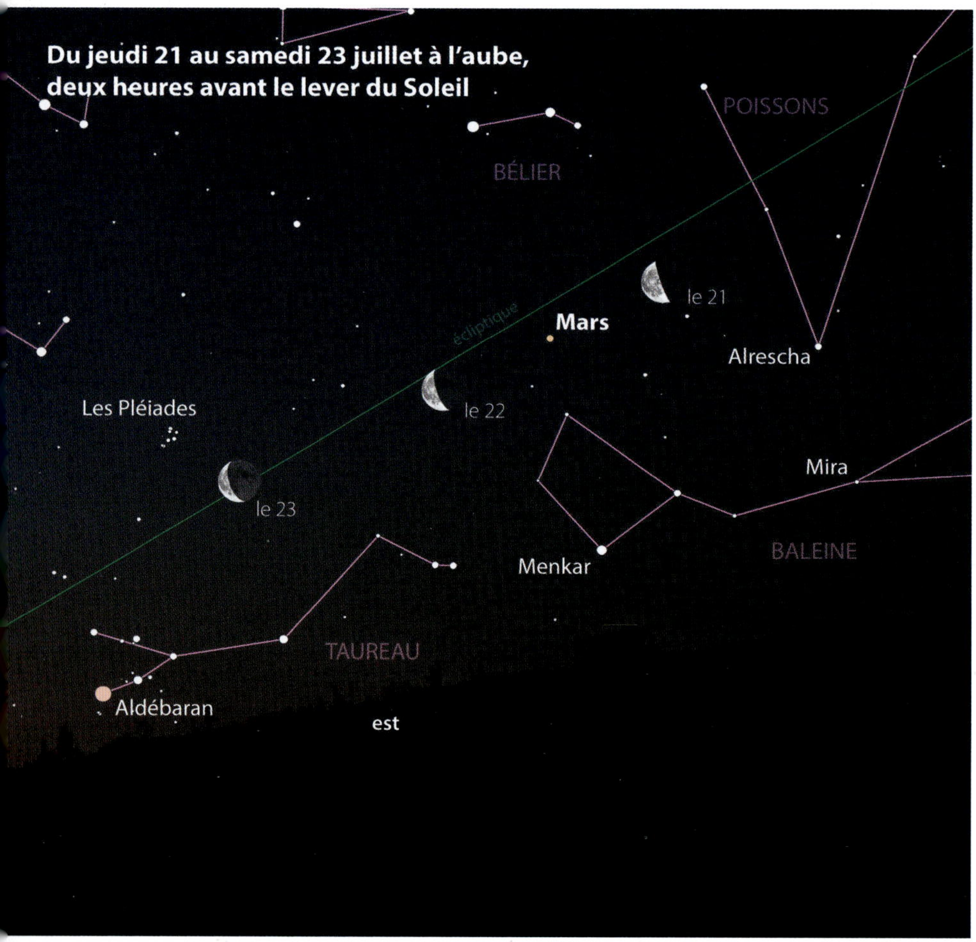

Du jeudi 21 au samedi 23 juillet à l'aube, deux heures avant le lever du Soleil, suivez la belle glissade de la Lune de la droite de Mars à l'aplomb des Pléiades. Ces astres brillent à plus de vingt degrés de hauteur au-dessus de l'horizon est.

26 et 27 juillet

Dernière à éclairer la nuit

Mardi 26 et mercredi 27 juillet 2022 à l'aube, une heure et demie avant le lever du Soleil, profitez de la fraîcheur agréable pour admirer le croissant lunaire non loin de l'éclatante Vénus. La scène se déroule à l'est-nord-est, Vénus est à trois degrés de hauteur et la lumière cendrée est magnifique.

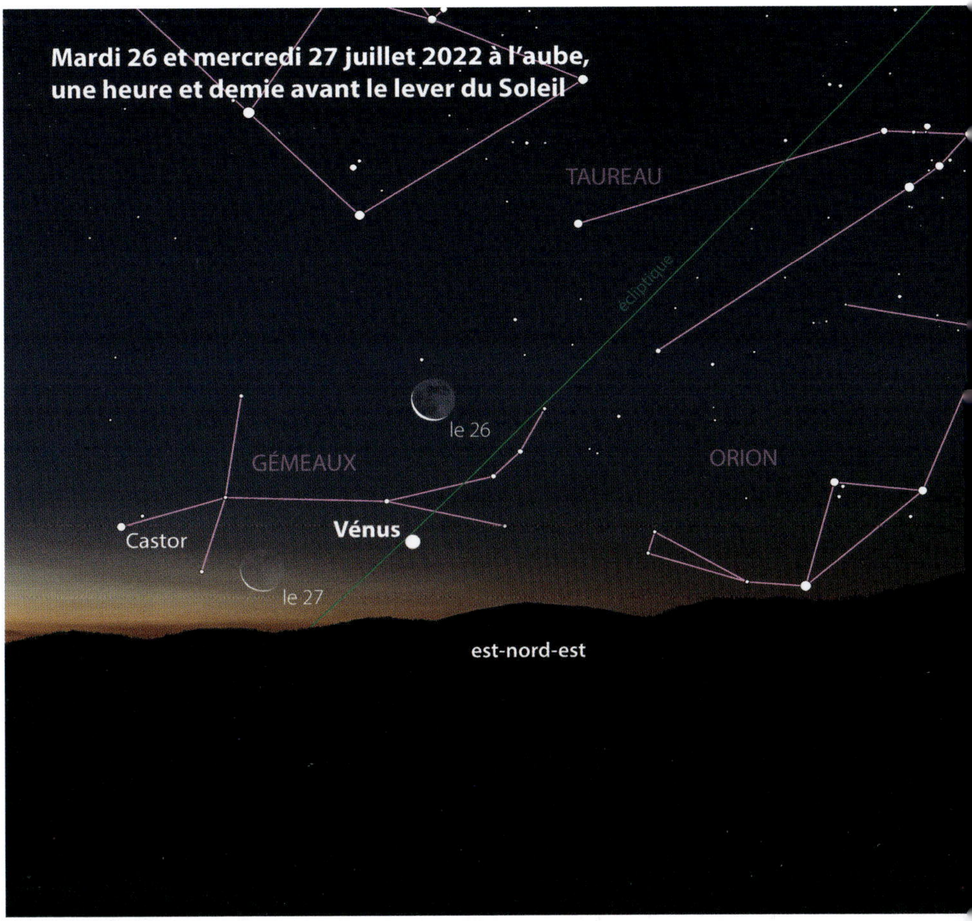

Vénus glisse inexorablement vers la position apparente du Soleil et le ciel qui l'entoure à son lever va devenir chaque matin un peu plus clair ces prochaines semaines. Fort heureusement, son éclat est intense et elle tient parfaitement son rôle de dernier lampadaire nocturne au cœur de l'été. Le mardi 26 et le mercredi 27 juillet à l'aube, une heure et demie avant l'arrivée du Soleil, un superbe croissant lunaire l'accompagne. Il est d'une minceur admirable juste avant la fin de la lunaison et il semble porter, comme une coupe d'argent, la boule grisée du globe lunaire endormi. Chez moi, au nord de Montpellier, l'air de juillet est chargé d'odeurs de thym et de romarin à la fin des nuits les plus chaudes et les premières cigales s'activent alors que l'aube s'éveille à peine. C'est le meilleur moment pour profiter du ciel encore étoilé et des planètes avant qu'un Soleil violent ne vienne écraser la journée de chaleur. Se glisser entre les arbres et les maisons du voisinage pour atteindre un horizon est-nord-est dégagé et contempler un paysage céleste aussi apaisant fait un bien fou et devrait être remboursé par la Sécurité sociale !

Août

Le causse Méjan vibre sous le Soleil. L'air humide surchauffé coagule en d'immenses cathédrales grumeleuses qui, déjà, font entendre leurs voix. Ressentir plus qu'entendre d'ailleurs, comme une vibration très profonde, une rumeur lointaine que l'on peine à différencier du bruit ambiant, mais que l'on perçoit avec son corps avant de pouvoir réellement l'entendre. Je ne sais pas où iront les étoiles ce soir quand leur éclat se perdra dans la tourmente qui s'annonce, mais je sais que cet orage ne m'empêchera pas de les contempler. Je suivrai leur course nocturne depuis mon abri, les yeux grands ouverts sur le voile opaque qui me protégera de la voûte agitée. Borne du Sud depuis le printemps, Jupiter brillera devant moi, drapée dans les fines dentelles qui enveloppent le Sagittaire et accompagnée par l'éclat timide de Saturne. Fidèle à la nuit aoûtienne, malgré les nuages, la Voie lactée déploiera son arche d'un bord à l'autre du ciel et peut-être qu'une éclaircie m'offrira Orion à l'orée de l'aube. Pour l'instant, le vent secoue violemment les arbres martelés par une pluie épaisse. Les grillons se sont tous éteints brusquement et le vautour fauve qui planait devant moi s'est éloigné, aspiré par l'herbe jaune qui ourle mon horizon.

Premier Quartier le 5
Balance

Pleine Lune le 12
Capricorne

Dernier Quartier le 19
Taureau

Nouvelle Lune le 27
Lion

À L'AFFICHE DU CIEL

- **Le croissant lunaire du soir :** du 1er au 4 et du 28 au 31
- **La Lune gibbeuse et pleine :** du 6 au 18
- **Le croissant lunaire du matin :** du 20 au 26
- **Le ciel sans la Lune :** le 27
- **La planète Mercure :** au crépuscule entre le 15 et le 25, très basse à l'ouest
- **La planète Vénus :** à l'aube, à l'est-nord-est
- **La planète Mars :** en seconde partie de nuit, de l'est-nord-est au sud-est
- **La planète Jupiter :** une grande partie de la nuit, de l'est au sud-sud-ouest
- **La planète Saturne :** toute la nuit, de l'est-sud-est à l'ouest-sud-ouest

Lever et coucher du Soleil, le 15

ville	lever	coucher
Annecy	6h35	20h44
Bayonne	7h11	21h09
Guéret	6h52	21h02
Lille	6h36	21h08
Nice	6h36	20h35
Paris	6h43	21h06
Quimper	7h11	21h30
Rochefort	7h03	21h13
Strasbourg	6h22	20h44
Toulouse	6h59	20h58

Tous les horaires sont donnés en heure légale française (temps universel + 2 h).

Épuisé avant même de parvenir à se déployer dans la stratosphère, un cumulonimbus lozérien se transforme en écran géant pour la projection d'un film à grand spectacle. De l'opposé du ciel, le Soleil couchant projette sur ses bourgeonnements l'ombre bleu ardoise de la Terre et la ceinture rosée de Vénus. Rendez-vous sur ma chaîne YouTube pour voir le film complet, de la fin de l'après-midi à l'apparition des premières étoiles au-dessus de cet orage avorté. Technique : boîtier Sony A7III avec un objectif Zeiss de 55 mm diaphragmé à 5,6, 1/500e à 200 ISO.

Le ciel du soir

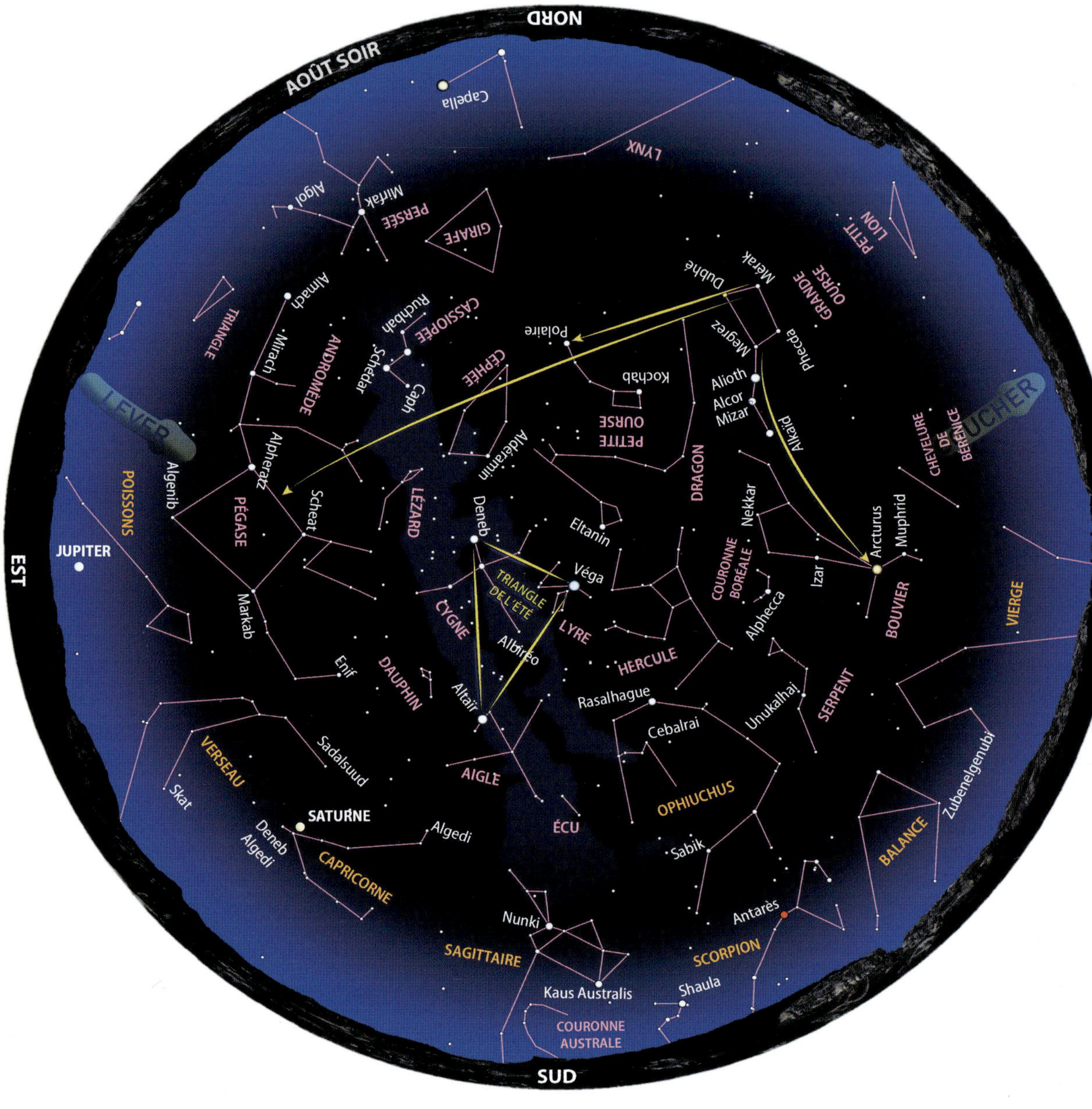

À la fin du crépuscule aoûtien, soit près de deux heures après le coucher du Soleil, la Voie lactée tranche la voûte céleste en deux portions pratiquement égales du nord-nord-est au sud-sud-ouest. Nous n'avons pas la chance d'admirer la région la plus lumineuse et la plus dense de la Voie lactée au zénith comme peuvent le faire les observateurs des tropiques. Cependant, le fait d'avoir le Sagittaire et donc le cœur galactique au ras de l'horizon sud nous permet de lui tourner le dos et de regarder à l'opposé, vers l'extérieur du disque aplati dans lequel circulent le Soleil et son cortège planétaire. Notre étoile se situant plus près du bord que du centre de ce disque, la Voie lactée que nous découvrons dans cette direction est bien moins garnie. En s'allongeant sous un beau ciel traversé par la Voie lactée, avec la tête au sud, et en la balayant des yeux, l'impression de s'éloigner du cœur à grande vitesse est saisissante. Il faut bien évidemment s'installer sous un ciel sans Lune

Le ciel à l'orée de l'aube

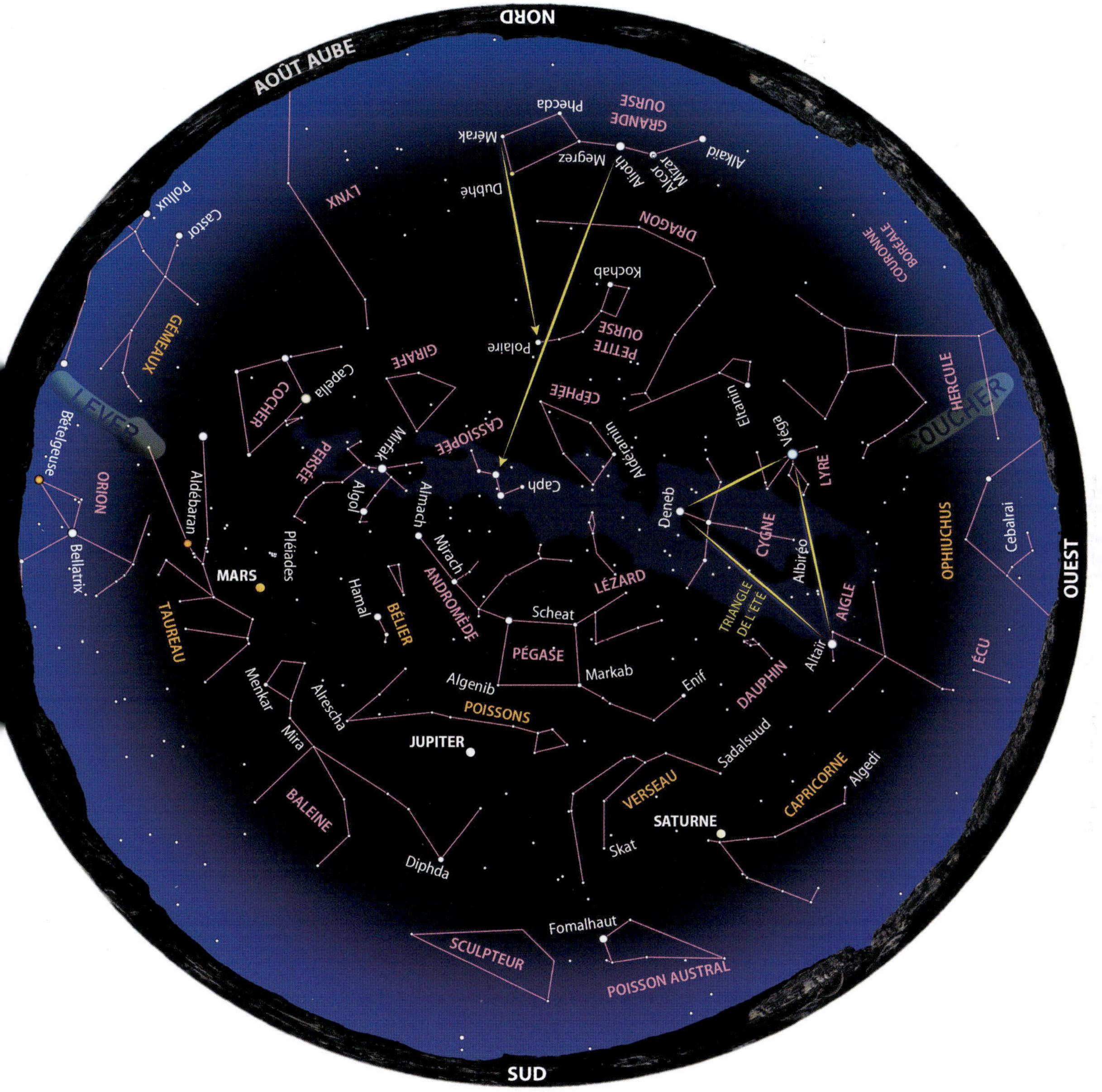

suffisamment protégé de la pollution lumineuse et laisser ses yeux s'accoutumer à l'obscurité pendant au moins une vingtaine de minutes pour que la vision nocturne la plus sensible s'installe intégralement. Utilisez une lampe peu intense colorée en rouge ou en orange pour vous déplacer (voir page 10). Si vous passez toute la nuit à la belle étoile, vous aurez la grande joie de voir surgir avant l'aube les constellations qui embelliront nos soirées hivernales : le Taureau, le Cocher, les Gémeaux et Orion. Fin août, repérez même l'éclat incandescent de Sirius au ras de l'horizon est-sud-est, une heure avant le jour. Cette année, Saturne et Jupiter sont visibles dès le crépuscule et Mars se lève en seconde partie de nuit.

Consultez la page 11 pour en savoir plus sur l'utilisation de ces cartes du ciel.
La position des planètes est précise pour le 15 du mois.

Pour l'écliptique, reliez les points !

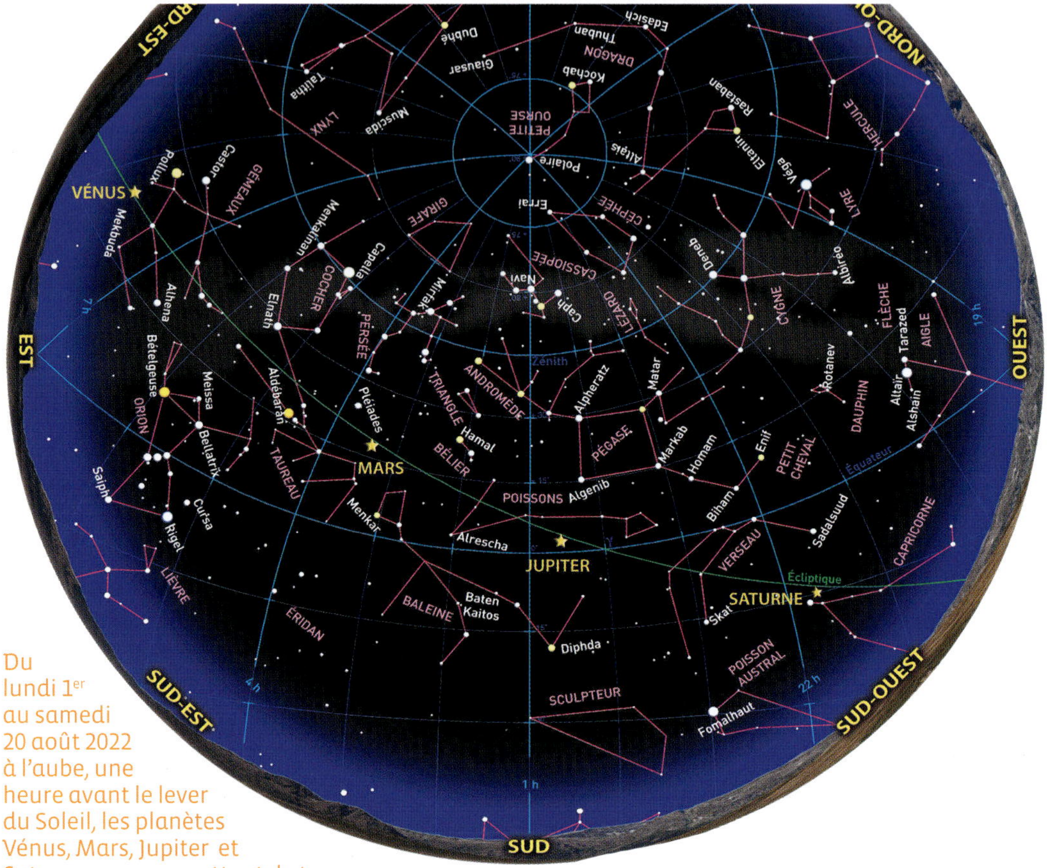

Du lundi 1er au samedi 20 août 2022 à l'aube, une heure avant le lever du Soleil, les planètes Vénus, Mars, Jupiter et Saturne vous permettent de tracer l'écliptique sur la voûte céleste.

Comme sur les cahiers de vacances de votre enfance, je vous invite à relier des points sur la voûte céleste pour faire apparaître une ligne importante. Du lundi 1er au samedi 20 août à l'aube, avec quelques jours en plus ou en moins selon votre lieu d'observation, allez sur un site parfaitement dégagé une heure avant le lever du Soleil et utilisez l'éclat des planètes Vénus, Mars, Jupiter et Saturne pour tracer l'écliptique. Vénus brille au ras de l'horizon est-nord-est, Mars est à plus de cinquante degrés de hauteur au-dessus de l'horizon sud-est, Jupiter est à une quarantaine de degrés de l'horizon sud-sud-ouest et Saturne plonge vers l'ouest-sud-ouest. Après son passage à l'opposition le 14 août, la planète aux anneaux est d'ailleurs la première à manquer à l'appel en se couchant avant le lever de Vénus à la fin du mois. L'écliptique représente la trajectoire apparente du Soleil tout au long de l'année ou, si vous préférez, la projection sur le ciel du plan de l'orbite terrestre. Les plans orbitaux des planètes étant assez peu inclinés par rapport à l'écliptique, c'est toujours à proximité de cette ligne que vous pouvez les trouver.

Une nuit avec la Pleine Lune

Le jeudi 11 août, Saturne et la Lune pratiquement pleine se lèvent à l'est-sud-est quelques minutes après la disparition du disque solaire à l'ouest-nord-ouest. Si le globe lunaire est rapidement repérable au cœur de l'arche anti-crépusculaire, l'éclat de Saturne n'est pas du niveau de celui de Vénus ou de Jupiter et il faut attendre une bonne heure pour que ce petit point devienne visible dans le ciel assombri. À la fin du crépuscule astronomique, lorsque le centre du disque solaire atteint dix-huit degrés sous l'horizon, Saturne et la Lune brillent à plus de dix degrés de hauteur au-dessus du sud-est. Nous sommes en été, donc la Pleine Lune s'élève peu lors de sa course nocturne et elle franchit le méridien à moins de vingt-cinq degrés de hauteur. Six degrés plus haut, Saturne passera le 14 août à l'opposition et nous sommes donc au cœur de sa meilleure période d'observation annuelle. Même si son éclat est bien inférieur à celui de Jupiter, rappelez-vous que Saturne est une planète gazeuse géante située à plus de 1,3 milliard de kilomètres de nous et que ses anneaux rentreraient tout juste entre la Terre et la Lune !

Jeudi 11 août 2022 au crépuscule, une heure après le coucher du Soleil, Saturne fait son apparition à proximité de la Lune à l'est-sud-est. Ces deux astres traversent le ciel au cours de la nuit et sont visibles à l'aube au-dessus de l'horizon ouest-sud-ouest.

Les nébuleuses obscures de la Voie lactée

Voilà ! Vous avez repéré le site d'observation idéal, loin des lumières parasites qui pourraient vous éblouir, vos affaires sont prêtes, vous aurez chaud et vous serez suffisamment à l'aise pour vous plonger durant de longues heures dans la contemplation attentive du ciel étoilé. Une fois sur place, laissez passer les minutes dans l'obscurité la plus complète afin de permettre à votre vision nocturne de s'installer : c'est la condition *sine qua non* pour une observation sérieuse. Au bout d'une petite demi-heure, le paysage qui n'était qu'un aplat noir à votre arrivée aura pris de la consistance et vous verrez sans peine les rochers et les branches des arbres qui vous entourent. Le ciel lui-même vous semblera moins noir, pas à cause d'une augmentation soudaine de la pollution lumineuse, mais à cause d'une augmentation énorme de votre sensibilité visuelle, car les cellules rétiniennes de la vision nocturne – les bâtonnets – sont près d'un million de fois plus sensibles à la lumière que celles de la vision diurne – les cônes. La sensibilité de votre vision nocturne continue d'augmenter lentement au-delà de cette première demi-heure tant que vous restez à l'abri de toute lumière intempestive. J'ai l'habitude de passer des nuits entières dehors et je constate régulièrement que ma vision nocturne, déjà bonne au bout de trente à quarante minutes sans lumière, est bien meilleure après deux heures. Vous pouvez favoriser et améliorer cette transition en évitant les lieux ensoleillés dans la journée et les pièces trop éclairées dans la soirée avant de sortir observer.

L'effort en vaut la peine puisqu'il vous permettra de partir à la découverte des régions sombres qui maculent la Voie lactée. Ces zones sans étoiles ou presque ne sont pas des trouées dans la trame galactique, mais les conséquences de la présence d'immenses nébuleuses interstellaires qui nous cachent les étoiles plus lointaines. Elles contiennent, outre les habituels éléments majoritaires de l'Univers que sont l'hydrogène et l'hélium, des poussières microscopiques qui bloquent tout ou partie de la lumière qui tente de les traverser. Lorsque l'on regarde ces nébuleuses obscures, il ne faut pas penser qu'elles sont comme des tentures opaques car leur densité est extrêmement faible et leur noirceur témoigne, en

fait, de leur très grande profondeur : plus ces nébuleuses sont épaisses le long de notre ligne de visée, plus elles bloquent les rayonnements lointains et plus elles apparaissent sombres. Ce n'est que lorsqu'une portion d'une telle nébuleuse s'effondre sur elle-même et donne naissance à des étoiles qu'elle se met à luire et à refléter l'éclat des fournaises qu'elle abrite. Comme la Voie lactée, la plupart des galaxies sont striées et marquées par d'immenses nébuleuses obscures.

Revenons sur Terre face à une belle voûte céleste aoûtienne : la nébuleuse obscure la plus facile à voir à l'œil nu est celle qui scinde la Voie lactée en deux au niveau du Cygne. Plus près de l'horizon sud, entre Ophiuchus et le Scorpion, la nébuleuse obscure de la Pipe demande un peu plus d'attention ; utilisez l'image voisine et celle de la page 77 pour apprécier sa taille et la situer. À l'observatoire des Pises, dans le sud de la Réserve internationale de ciel étoilé du parc national des Cévennes, je l'observe régulièrement à la fin des nuits du printemps, mais la chaleur et la diffusion estivales rendent sa recherche plus délicate. Au nord de la réserve, sur le causse Méjan, le causse de Sauveterre ou le mont Lozère, là où l'éloignement protège encore mieux le ciel de la pollution lumineuse de la côte méditerranéenne, la Voie lactée apparaît plus fournie et la nébuleuse de la Pipe est évidente. Après de longues minutes d'observation attentive, il m'arrive même de voir les traces sombres qui la prolongent pour dessiner la silhouette d'un petit cheval et de suivre les filaments sombres qui s'étirent jusqu'au Scorpion et donnent une texture et un relief extraordinaires à cette portion de la Voie lactée. Dans l'hémisphère austral, les nébuleuses obscures sont plus nombreuses et certaines sont évidentes à l'œil nu, comme le Sac à charbon qui jouxte la Croix du Sud (voir l'image de la page 102).

D'innombrables nébuleuses sombres de toutes formes et dimensions maculent la Voie lactée et nous cachent les étoiles plus lointaines dans le Sagittaire et Ophiuchus. À droite, la nébuleuse obscure de la Pipe est visible à l'œil nu dans un site correctement protégé de la pollution lumineuse. À gauche, la Lagune et la Trifide sont des portions de nébuleuses rendues lumineuses par l'énergie des jeunes étoiles auxquelles elles ont donné naissance.

14 et 15 août

L'éclat de Jupiter

Le dimanche 14 et le lundi 15 août au soir, deux bonnes heures après le coucher du Soleil, Jupiter présente ses respects à la Lune gibbeuse décroissante au-dessus de l'horizon est. Son éclat intense fait merveille dans un ciel éclairci par le lampadaire lunaire et, si vous observez en ville et que la pollution lumineuse est très forte, Jupiter sera l'un des rares éclats naturels que vous pourrez admirer sur la voûte nocturne. Jupiter passera à l'opposition le 26 septembre et sa brillance va encore croître généreusement d'ici là. Elle circule toujours dans la constellation de la Baleine, juste au sud des Poissons.

Le dimanche 14 et le lundi 15 août 2022 au soir, deux bonnes heures après le coucher du Soleil, Jupiter et la Lune gibbeuse décroissante se hissent au-dessus de l'horizon est.

19 et 20 août

Et celui de Mars

Le vendredi 19 et le samedi 20 août à l'orée de l'aube, deux heures avant le lever du Soleil, le Dernier Quartier côtoie Mars entre les amas des Pléiades et des Hyades. Ces astres sont installés à plus de quarante degrés de hauteur au-dessus de l'horizon est-sud-est. L'éclat martien devient spectaculaire et vous pouvez comparer sa teinte orangée à celle, moins intense, de l'étoile Aldébaran du Taureau qui scintille à proximité. Toute cette région du ciel fourmille d'étoiles et vaut la peine d'être contemplée longuement avec des jumelles car, au fil des heures, vous pourrez voir le limbe lunaire en occulter plus d'une.

Vendredi 19 et samedi 20 août 2022 à l'orée de l'aube, deux heures avant le lever du Soleil, la Lune à son Dernier Quartier brille à côté de Mars entre les Pléiades et les Hyades.

Vénus et le brillant esquif lunaire

Jeudi 25 et vendredi 26 août 2022 à l'aube, une heure avant le lever du Soleil, dégustez le magnifique paysage céleste visible juste au-dessus de l'horizon est-nord-est. Le mince croissant lunaire flotte non loin du point éclatant de Vénus.

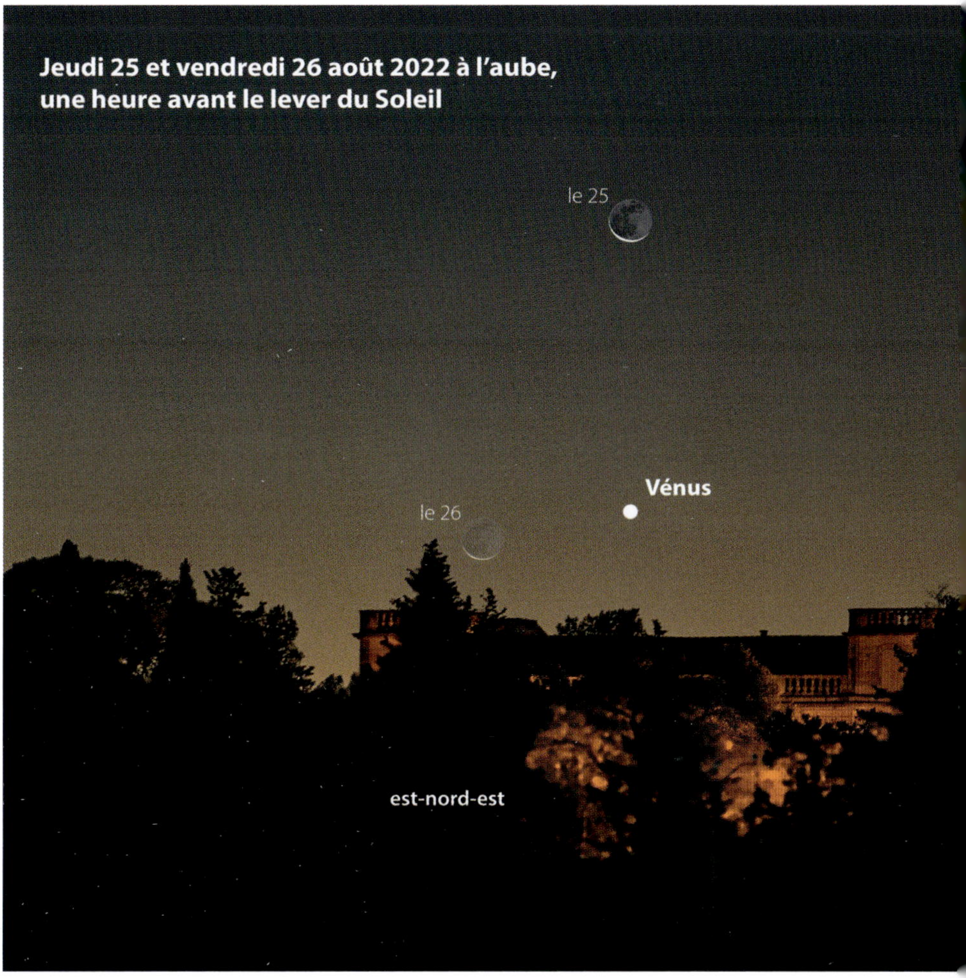

La planète Vénus est de plus en plus proche de la position apparente du Soleil et elle se lève moins d'une heure et demie avant lui. Le jeudi 25 et le vendredi 26 août à l'aube, une heure avant l'arrivée du Soleil, c'est donc dans un ciel déjà bien lumineux que vous pouvez apprécier le passage de la vieille Lune à son côté. Nous sommes en fin de lunaison et le croissant très fin ajoute à la beauté délicate de ce paysage céleste. D'autant plus que la trajectoire de notre satellite naturel est bien redressée par rapport à l'horizon est-nord-est et que l'orientation du croissant nous donne l'impression de voir un brillant esquif porté lentement vers le haut ciel par l'onde colorée du jour. Le jeudi 25 août, la Lune se situe à près de trois degrés sur la gauche de l'amas ouvert de la Crèche dans le Cancer et, en l'observant aux jumelles dès son lever, vous pouvez distinguer les étoiles les plus brillantes de ce groupe stellaire compact ; elles sont rapidement gommées par la clarté croissante de l'aube.

Premier Quartier le 3
Scorpion

Pleine Lune le 10
Verseau

Dernier Quartier le 17
Taureaux

Nouvelle Lune le 25
Vierge

À L'AFFICHE DU CIEL

- **Le croissant lunaire du soir :** le 1er et le 2 et du 27 au 30
- **La Lune gibbeuse et pleine :** du 4 au 16
- **Le croissant lunaire du matin :** du 19 au 25
- **Le ciel sans la Lune :** le 26
- **La planète Mercure :** à l'aube après le 29, très basse à l'est
- **La planète Vénus :** à l'aube, de plus en plus basse à l'est
- **La planète Mars :** une grande partie de la nuit, de l'est-nord-est au sud
- **La planète Jupiter :** toute la nuit, de l'est à l'ouest
- **La planète Saturne :** une grande partie de la nuit, du sud-est à l'ouest-sud-ouest

Lever et coucher du Soleil, le 15

ville	lever	coucher
Annecy	7h14	19h47
Bayonne	7h45	20h16
Guéret	7h30	20h04
Lille	7h23	20h02
Nice	7h10	19h42
Paris	7h27	20h04
Quimper	7h53	20h29
Rochefort	7h42	20h16
Strasbourg	7h05	19h42
Toulouse	7h33	20h05

Tous les horaires sont donnés en heure légale française (temps universel + 2 h).

Septembre

L'Aigoual est entré en éruption. Ses flancs sombres sont déchirés par des coulées rousses pigmentées d'or. La route qui escalade ses pentes après le hameau de Cabrillac est couverte de bogues écrasées et d'un magma de châtaignes aux reflets vert pomme. Plus haut, la hêtraie tisse un épais tapis de feuilles brunes dans lequel les voitures creusent deux sillons noirs. Le Soleil offre une profondeur de cathédrale aux sous-bois, avec des alignements de colonnes argentées et des perspectives brouillées par l'anarchie des jeunes pousses. Je ne sais plus où donner du regard en progressant lentement vers le sommet arrondi. À la fin du jour, j'assiste à une bataille homérique entre l'ouest volcanique et l'est si pur que l'ombre bleu ardoise de la Terre grimpe haut dans le ciel et s'ourle du rose amoureux de la ceinture de Vénus. Spectateur attentif de cette joute crépusculaire, je pivote inlassablement et tente d'apprécier chaque couleur d'une palette autant chatoyante à l'Orient qu'elle est sobre à l'Occident. Celui-ci s'endort le premier et l'horizon assombri accueille déjà les pointillés orangés des cités lointaines quand l'ouest expose encore crânement les couleurs profondes du couchant. Puis, dans un mouvement majestueux, la voûte s'emplit d'étoiles et le cours irrégulier de la Voie lactée acquiert un lustre enthousiasmant.

Les conditions d'observation restent généralement agréables à l'approche de l'automne et la lumière zodiacale déploie son étendard lancéolé à la fin des nuits de plus en plus longues. En 2021, la planète Vénus brillait alors très haut dans le ciel de l'aube et on la voit ici jouer avec l'eau calme du lac des Pises (parc national des Cévennes). Un semblant de lueur zodiacale l'entoure encore alors que l'aube colore l'horizon. Technique : boîtier Sony A7III avec un objectif Sigma ART de 20 mm diaphragmé à 2,8 ; une minute de pose à 800 ISO.

Le ciel du soir

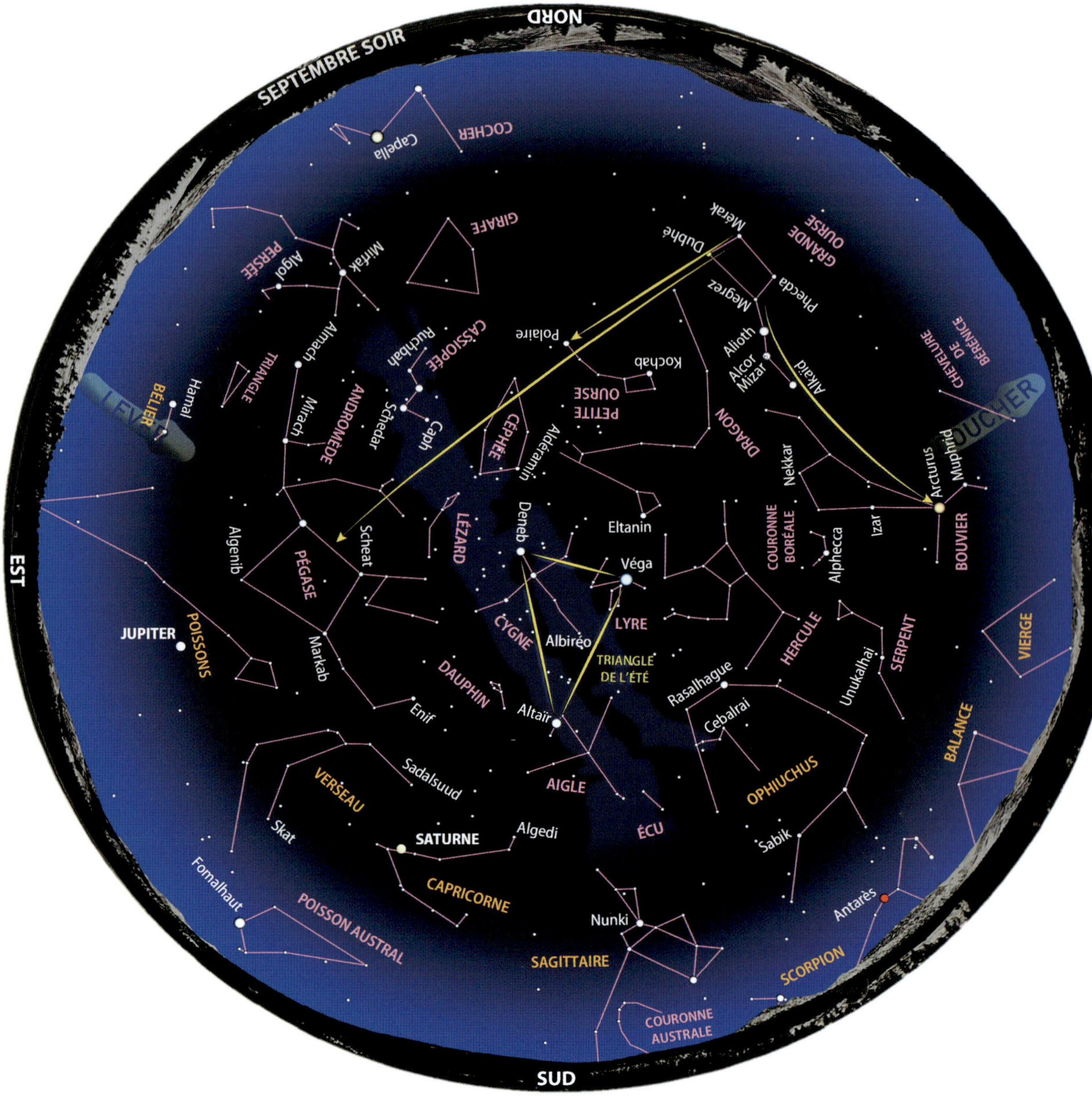

En septembre, le crépuscule astronomique prend fin moins de deux heures après le départ du Soleil. Le Triangle de l'été est alors bien visible, très haut dans le ciel au-dessus de l'horizon sud. Véga et Deneb se succèdent au zénith et Altaïr pointe vers le sol. En vous tenant face à l'ouest, l'éclat d'Arcturus s'impose et semble se balancer doucement sous le grand parachute du Bouvier. Plus haut – votre nuque commence à renâcler ! –, l'arc de la Couronne boréale et le nœud papillon d'Hercule vous ramènent à Véga. Au nord-ouest, la Grande Ourse poursuit sa course circumpolaire et la Casserole sera posée sur l'horizon nord après minuit. Les étoiles Mérak et Dhubé, qui servent à trouver la Polaire dans l'hémisphère Nord, peuvent également vous entraîner jusqu'au carré de Pégase de l'autre côté du ciel. Non loin de l'Aigle, le Dauphin – une toute petite figure que l'on peut cacher avec le pouce bras tendu – est un losange avec une prolongation qui suggère relativement

Le ciel à l'orée de l'aube

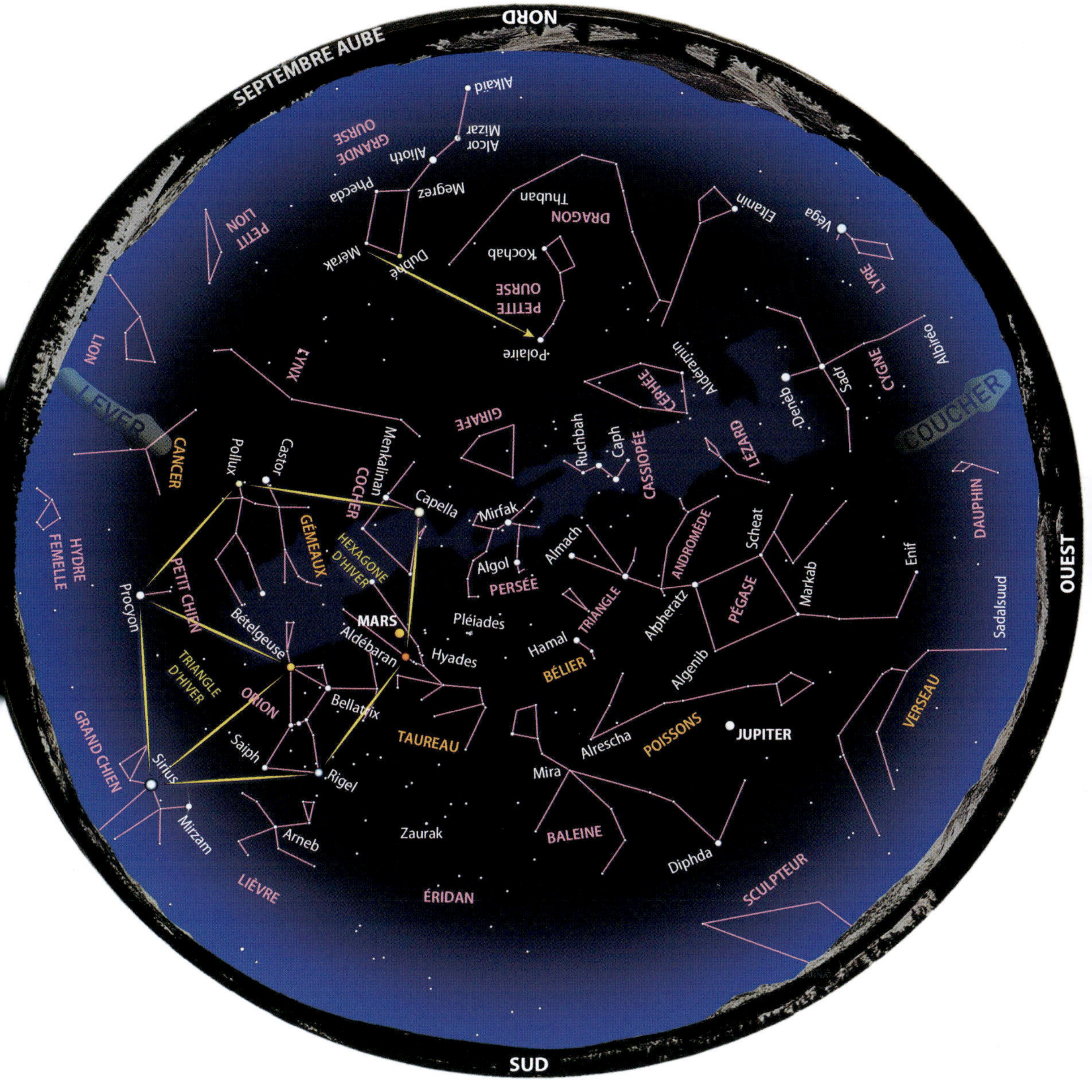

bien le corps arqué d'un dauphin bondissant hors des flots. Au nord-est, devant la portion la plus étriquée de la Voie lactée, le W de Cassiopée et l'arc de Persée sont en place et, dans les meilleurs sites, il est facile de voir à l'œil nu la tache oblongue du double amas d'étoiles qui les sépare – tout comme il est possible de distinguer la tache grisâtre de la galaxie d'Andromède en dessous de Cassiopée, en descendant en biais vers l'est. Tout le ciel d'hiver est à présent installé sur la voûte céleste à l'orée de l'aube et l'on retrouve l'immense Hexagone et le plus modeste Triangle d'hiver. Saturne et Jupiter sont visibles durant une grande partie de la nuit et Mars se lève dans le Taureau avant minuit.

Consultez la page 11 pour en savoir plus sur l'utilisation de ces cartes du ciel.
La position des planètes est précise pour le 15 du mois.

7 et 8 septembre

Une promenade avec la Lune

Le mercredi 7 et le jeudi 8 septembre au crépuscule, une heure après le coucher du Soleil, Saturne et la Lune gibbeuse croissante sont perchées à une quinzaine de degrés de hauteur au-dessus de l'horizon sud-est. Ces deux astres parcourent la voûte céleste côte à côte et se couchent avant l'aube après avoir poussé les étoiles du Triangle de l'été vers le nord-ouest. Il n'est pas possible de voir la Voie lactée avec une Lune aussi éblouissante, mais c'est l'occasion de partir à l'aventure en vous éloignant des centres urbains et en cheminant dans la campagne sous l'éclairage de notre satellite naturel. Prenez une lampe avec vous pour les passages délicats, mais essayez de jouer le jeu et de l'allumer le moins possible. Même si votre vision nocturne ne peut pas s'installer pleinement, vous constaterez vite que la lumière lunaire – il faudrait, pour plus de justesse, écrire « la lumière solaire réfléchie par la Lune » – est suffisante pour apprécier le paysage. Avec l'absence des couleurs, l'impression de se promener dans un vieux film en noir et blanc au contraste adouci par le temps est vraiment plaisante.

Mercredi 7 et jeudi 8 septembre 2022 au crépuscule, une heure après le départ du Soleil, Saturne et la Lune gibbeuse croissante sont installées à une quinzaine de degrés de hauteur au-dessus de l'horizon sud-est. Partez à la campagne et accompagnez-les dans leur promenade nocturne !

Nuit du 11 au 12 septembre

L'éclat exceptionnel de Jupiter

Durant la nuit du dimanche 11 au lundi 12 septembre 2022, Jupiter et la Lune gibbeuse décroissante sont visibles de l'est à l'ouest-sud-ouest du ciel. Leur séparation apparente croît de trois à six degrés du crépuscule à l'aube.

Nous ne sommes plus qu'à deux semaines de l'opposition de Jupiter – elle sera à l'opposé du Soleil par rapport à la Terre le 26 septembre – et la Lune qui lui tient compagnie durant la nuit du dimanche 11 au lundi 12 septembre est encore pratiquement pleine. Ces deux astres éblouissants se lèvent à l'est une heure après le départ du Soleil et leur séparation apparente est de trois degrés. Ils passent au méridien en seconde partie de nuit à plus de quarante-cinq degrés de hauteur et brillent au-dessus de l'horizon ouest-sud-ouest à l'aube. Par le jeu patient des cycles de la mécanique céleste, Jupiter atteint lors de cette opposition son éclat maximal depuis plusieurs décennies avec une magnitude de - 2,94. Cela tient à un rien, moins d'un centième de magnitude, mais, sur le papier, Jupiter est plus brillante que lors des cinquante-neuf dernières années – depuis octobre 1963 pour être exact. L'opposition la plus récente au cours de laquelle l'éclat de Jupiter ait été pratiquement aussi fort s'est produite en septembre 2010. Ce qu'il faut en conclure en pratique, c'est que l'opposition de cette année est excellente !

Ce que nous dit la couleur d'une étoile

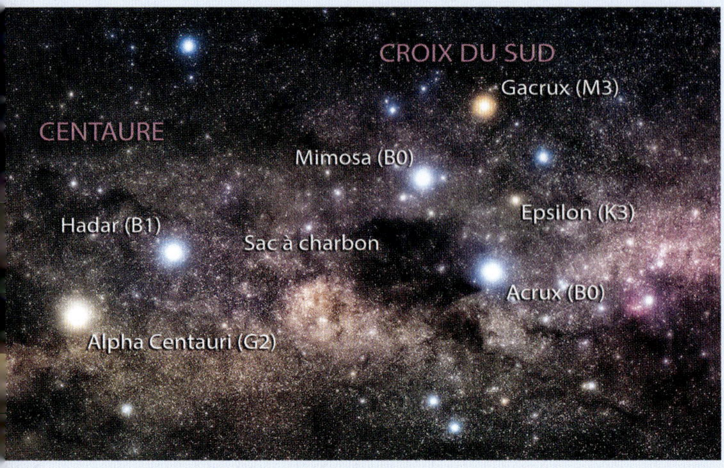

À droite, Orion et les constellations qui l'encerclent sont visibles avant l'aube en septembre et vous pouvez balayer les types spectraux en les observant. Ci-contre, Un léger voile nuageux diffuse et révèle la couleur des étoiles principales du Centaure et de la Croix du Sud.
© Guillaume Cannat

Un rapide coup d'œil sur un ciel étoilé peut nous faire croire que toutes les étoiles sont blanches, mais c'est une erreur induite par le manque de sensibilité à la couleur de notre vision nocturne. En regardant plus attentivement certaines étoiles particulièrement brillantes, comme Véga ou Aldébaran, il est possible de distinguer une coloration plus ou moins marquée. Attention cependant de ne pas vous laisser abuser par la turbulence atmosphérique qui fait vivement scintiller les étoiles les plus éclatantes, comme Sirius ou Antarès, et donne l'impression qu'elles changent rapidement de teinte. La couleur réelle d'une étoile apparaît clairement si on l'observe avec une lunette ou un télescope et que la mise au point n'est pas parfaite, ou lorsqu'on la photographie. Cette couleur nous renseigne sur la température de surface de l'étoile et, depuis plus d'un siècle, les astrophysiciens trient les étoiles en fonction de celle-ci en leur attribuant un type spectral.

Il y a sept principaux types spectraux, identifiés par les lettres capitales O, B, A, F, G, K et M. Chaque type est subdivisé en dix niveaux numérotés de 0 à 9, du plus chaud au moins chaud. Cela signifie qu'une étoile classée G9 est moins chaude qu'une autre classée G8, mais plus chaude qu'une troisième classée K0. La température de surface dans chaque type se répartit ainsi : elle est supérieure à 25 000 K (K pour Kelvin : 0 K = - 273,15 °C) pour les étoiles de type spectral O, qui présentent une couleur bleue, comprise entre 25 000 K et 10 000 K pour le type B (bleu clair), entre 10 000 K et 7 500 K pour le type A (bleu très clair), entre 7 500 K et 6 000 K pour le type F (bleu blanc), entre 6 000 K et 5 000 K pour le type G (blanc jaune), entre 5 000 K et 3 500 K pour le type K (orange clair) et inférieure à 3 500 K pour le type M (orange). Avec une température de surface de 5 800 K, le Soleil est une étoile de type spectral G2.

En 1976, lors de mon premier stage d'astronomie avec les animateurs de la Fédération nationale des clubs scientifiques, j'ai appris la phrase « Oh! Be A Fine Girl Kiss Me » pour mémoriser les types spectraux – on peut sans problème remplacer Girl par Guy – et je ne l'ai jamais oubliée. De nouveaux types ont été ajoutés au fil du temps pour intégrer des étoiles particulières (W pour les Wolf-Rayet, L, T et Y pour les naines brunes, R, N, C et S pour les carbonées). Voici les types spectraux de quelques étoiles brillantes aisément repérables à l'œil nu : Alnitak et Mintaka dans la ceinture d'Orion sont de type O ; Rigel, Bellatrix et Saiph d'Orion sont de type B ; Sirius, Véga, Deneb, Altaïr et Castor sont de type A ; la Polaire, Procyon et Wezen sont de type F ; Capella est de type G ; Arcturus, Aldébaran, Pollux et Dubhé sont de type K ; Antarès et Bételgeuse sont de type M.

Capella (G6)
Menkalinan (A1)
COCHER
Iota (K3)
Elnath (B7)
Castor (A2)
GÉMEAUX
Pollux (K0)
TAUREAU
Mebsuta (G8)
Aldébaran (K5)
Alhena (A1)
Meissa (O8)
Bételgeuse (M2)
Bellatrix (B2)
Gomeisa (B8)
ORION
Procyon (F5)
Mintaka (O9)
PETIT CHIEN
Alnilam (B0)
Alnitak (O9)
Rigel (B8)
Saiph (B0)
GRAND CHIEN
Sirius (A0)
Mirzam (B1)

Du 15 au 17 septembre

Amas de joyaux au méridien

Du jeudi 15 au samedi 17 septembre à l'orée de l'aube, une heure et demie avant le lever du Soleil, tournez-vous face au sud et levez la tête jusqu'à la Lune. Elle est gibbeuse décroissante et son éclat est encore puissant, mais si votre ciel est pur, vous devriez voir sans peine le groupe diamanté des Pléiades à moins de dix degrés sur sa gauche ; cachez la Lune avec le bout d'un doigt au besoin. Une fois que vous serez face aux Pléiades, votre regard sera inévitablement attiré par le rubis martien qui brille vivement sur leur gauche, à cinq degrés d'Aldébaran du Taureau. Notre petite voisine est loin d'être aussi éclatante que Jupiter, que vous pouvez admirer loin au-dessus de l'horizon ouest-sud-ouest au même moment, mais sa teinte rouge-orangé fait déjà impression trois mois avant son opposition. Le vendredi 16, la Lune est installée entre les Pléiades et les Hyades qui scintillent autour d'Aldébaran et, le samedi 17, elle domine Mars d'un peu moins de quatre degrés. Tous ces astres sont visibles en milieu urbain, sauf, peut-être, les Hyades, pour lesquelles des jumelles peuvent se révéler utiles.

Du jeudi 15 au samedi 17 septembre 2022 à l'aube, une heure et demie avant le lever du Soleil, la Lune gibbeuse décroissante a rendez-vous avec Mars, Aldébaran du Taureau et les amas ouverts des Pléiades et des Hyades très loin au-dessus de l'horizon sud.

24 et 25 septembre

Derniers croissants pour Vénus

Samedi 24 et dimanche 25 septembre 2022 à l'aube, une quarantaine de minutes avant le lever du Soleil, les derniers croissants de la lunaison rendent un ultime hommage à Vénus au ras de l'horizon est. L'observation du 24 est facile, mais celle du 25 est très délicate et requiert un instrument.

Pour fêter l'arrivée de l'automne – le 23 – et le prochain plongeon de Vénus dans le brasier solaire, je vous invite à admirer le mince croissant lunaire qui surplombe cette planète le samedi 24 septembre à l'aube. En vous tenant face à un horizon est lointain et dégagé près d'une heure et demie avant le lever du Soleil, vous n'aurez aucun mal à voir l'arc lunaire ; la lumière cendrée vous permettra de distinguer également le reste du globe sélène. Laissez filer le temps en profitant du spectacle et, une quarantaine de minutes avant l'arrivée du Soleil, l'éclat puissant de Vénus fera son apparition au ras du sol, une douzaine de degrés sous la Lune. Prenez un point de repère sur l'horizon pour savoir où chercher la planète le dimanche 25 à la même heure. Elle sera alors à deux degrés d'un arc lunaire pratiquement impossible à voir à l'œil nu, mais que vous pouvez tenter de repérer aux jumelles ou dans une lunette. Ce n'est pas une observation facile car le contraste de cet infime arc lunaire sur le fond du ciel déjà clair est vraiment faible, mais c'est possible si l'atmosphère est limpide et stable.

Premier Quartier le 3
Sagittaire

Pleine Lune le 9
Poissons

Dernier Quartier le 17
Gémeaux

Nouvelle Lune le 25
Vierge

À L'AFFICHE DU CIEL

- **Le croissant lunaire du soir :** le 1er et du 27 au 30
- **La Lune gibbeuse et pleine :** du 4 au 16
- **Le croissant lunaire du matin :** du 19 au 24
- **Le ciel sans la Lune :** le 25 et le 26
- **La planète Mercure :** à l'aube jusqu'au 24, à l'est
- **La planète Vénus :** à l'aube avant le 5, très basse à l'est, puis inobservable
- **La planète Mars :** une grande partie de la nuit, de l'est-nord-est au sud-sud-ouest
- **La planète Jupiter :** toute la nuit, de l'est-sud-est à l'ouest
- **La planète Saturne :** une grande partie de la nuit, du sud-sud-est à l'ouest-sud-ouest

Lever et coucher du Soleil, le 15

ville	lever	coucher
Annecy	7h52	18h50
Bayonne	8h20	19h23
Guéret	8h09	19h07
Lille	8h10	18h56
Nice	7h45	18h47
Paris	8h11	19h01
Quimper	8h35	19h28
Rochefort	8h20	19h18
Strasbourg	7h49	18h40
Toulouse	8h08	19h11

Tous les horaires sont donnés en heure légale française (temps universel + 2 h jusqu'au 30 octobre, + 1 h après).

Octobre

Sur l'épaule du Lingas, les hêtres à demi dénudés tendent leurs racines inversées comme des doigts violacés qui imploreraient la clémence des dieux après tant de larmes. L'océan lumineux du ciel accueille encore quelques nuages, mais ces vastes caravelles semblent à présent apaisées et leurs corps dédoublés par les eaux encadrent sereinement l'horizon. Je marche sur un sentier anonyme alors que l'éclat crépusculaire s'épuise et que Mars rutile entre les branches barbelées des sapins. Quelques renards discutent dans le noir avant de laisser grandir le silence qu'un lointain ruissellement accentue. À l'approche de la lande fanée, le couvert arboré se déchire et dévoile des attroupements étoilés encore trop pauvres pour être qualifiés de constellations, mais déjà suffisants pour encourager la recherche de paysages connus. La nuit s'impose et je vagabonde en quête de scènes à mémoriser. Là, un fragment de Cassiopée effleure l'arc de Persée. Plus loin, derrière un sorbier constellé de billes d'un rouge oublié, l'averse scintillante des Hyades rebondit sur le miroir du lac. Les heures passent, le froid de l'espace tombe sur la terre, enveloppant chaque feuille morte d'un épais manteau de givre. À l'aube, un crépitement soyeux m'accompagne alors que j'avance vers le diamant vénusien nimbé de lumière zodiacale.

Parsemé d'amas et de nébuleuses, le ciel d'automne s'élève au-dessus du Lingas et le miroir du lac des Pises réfléchit Aldébaran et les Hyades. Les Pléiades captent mon regard et le propulsent vers l'arc de Persée et son double amas qui brille au cœur d'une Voie lactée fragile. Il n'y a pas un souffle de vent et les branches des sorbiers des oiseleurs et des sapins qui bordent le sentier menant à l'observatoire sont d'une immobilité de marbre. Technique : boîtier Sony A7III défiltré, objectif Sigma ART de 20 mm diaphragmé à 2,8 ; une image constituée de 20 poses de 10 secondes à 800 ISO.

Le ciel du soir

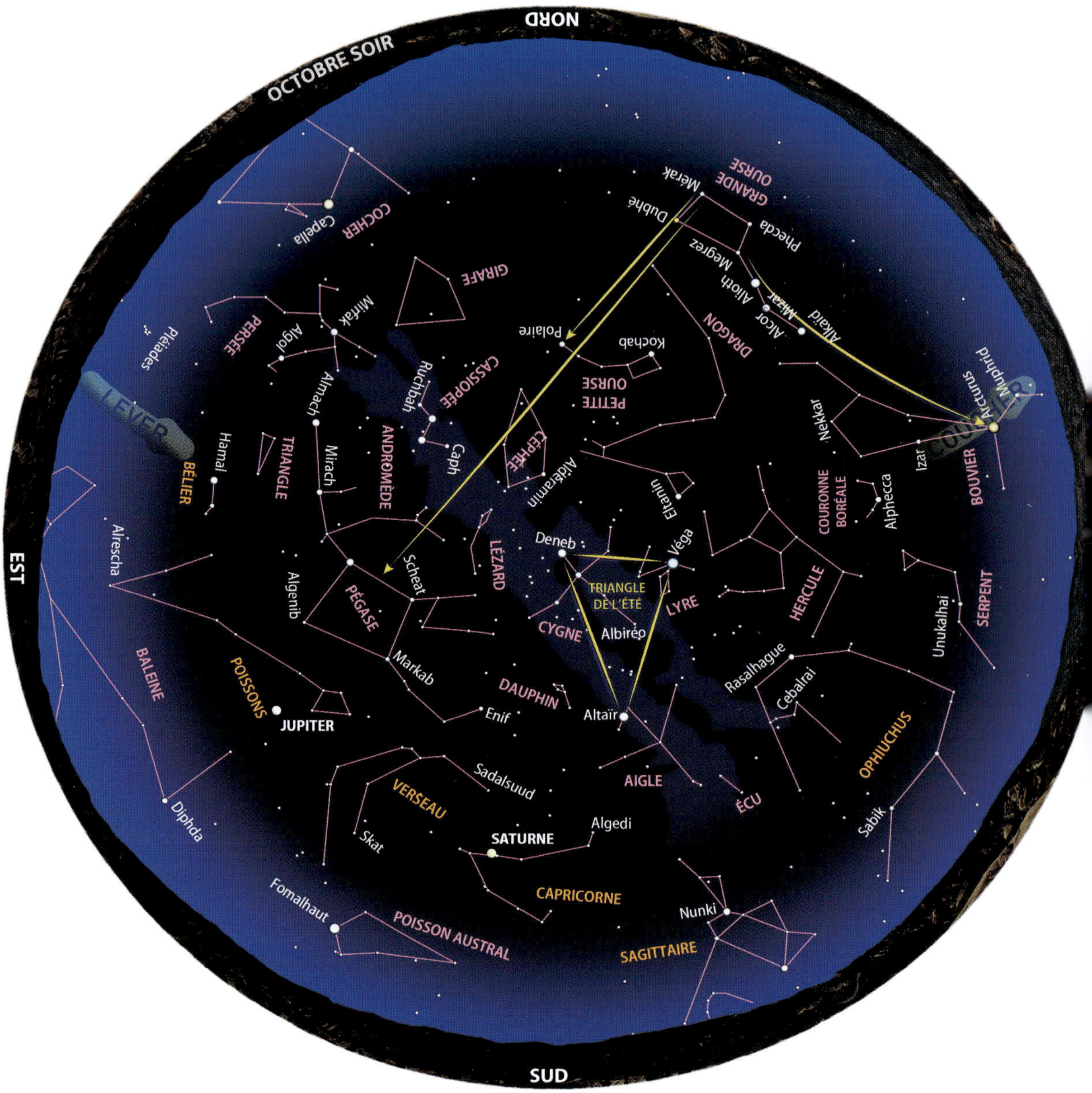

Lorsqu'il fait beau, le mois d'octobre est l'un des plus agréables pour observer la Voie lactée. Le Scorpion est perdu corps et biens, mais il reste toute la bande qui va du Sagittaire au Cygne en passant par Ophiuchus, l'Écu, l'Aigle et la Lyre – sans parler des figures minuscules du Petit Renard et de la Flèche, glissées entre Altaïr et Albiréo. Dès la fin du crépuscule, soit de plus en plus tôt avec le rallongement de la nuit et le retour à l'heure d'hiver, l'arche galactique s'élève à l'aplomb de l'horizon sud-ouest en direction du zénith. S'asseoir dans une chaise longue et se promener dans cette région avec des jumelles est un pur délice tant elle fourmille d'amas, de nébuleuses et de beaux regroupements stellaires. Le Verseau, les Poissons et la Baleine ne sont pas riches en étoiles brillantes et il est ardu de les dessiner dans un ciel éclairé par la Lune gibbeuse ou par une pollution lumineuse trop forte. Quant à Fomalhaut, très proche de l'horizon sud-est, c'est souvent la seule étoile

Le ciel à l'orée de l'aube

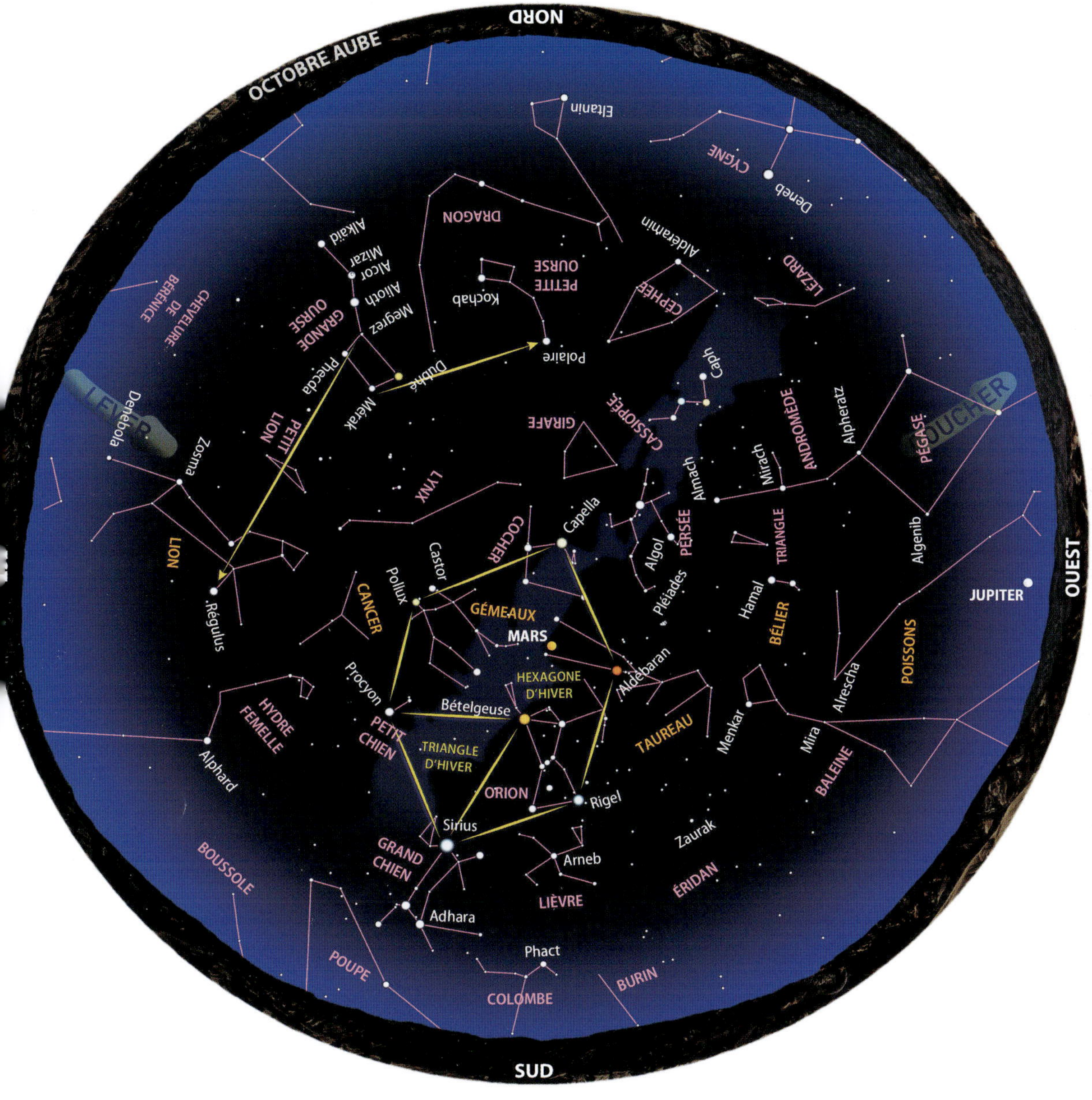

visible dans la constellation du Poisson austral. Il faut remonter au-dessus de l'horizon est et nord-est pour parcourir à nouveau une voûte céleste bien garnie. Le carré de Pégase, Andromède, Cassiopée et Persée délimitent un pays séduisant au sein duquel il faut, là aussi, vagabonder aux jumelles par une nuit bien sombre pour apprécier les amas, les nébuleuses et les galaxies qu'il recèle. Au bout de l'arc de Persée, le petit groupe des Pléiades nous signale l'arrivée du ciel d'hiver qui profite des longues nuits pour s'installer et qui surplombe l'horizon sud à l'orée de l'aube. Saturne et Jupiter sont observables une grande partie de la nuit et Mars, qui se lève à présent en milieu de soirée, brille au méridien à l'orée de l'aube.

Consultez la page 11 pour en savoir plus sur l'utilisation de ces cartes du ciel.
La position des planètes est précise pour le 15 du mois.

Jusqu'au 24 octobre

Mercure à l'aube

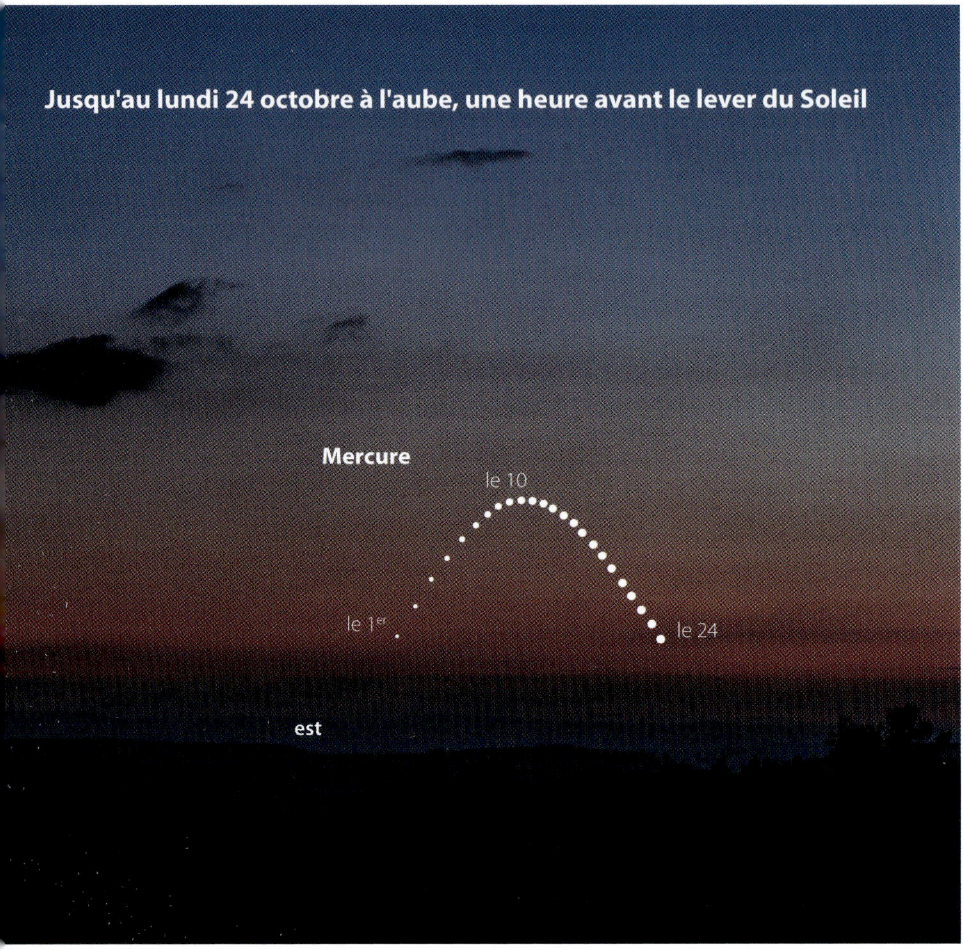

Jusqu'à son rendez-vous avec le très mince croissant de la vieille Lune du lundi 24 octobre 2022, essayez de repérer Mercure à l'aube au-dessus d'un horizon oriental lointain et dégagé. En milieu de mois, elle se lève près d'une heure et demie avant le Soleil.

Jusqu'au lundi 24 octobre, nous bénéficions de la meilleure période de l'année pour observer Mercure à l'aube. La première planète du Système solaire orbite autour du Soleil à la distance moyenne de soixante millions de kilomètres : cela signifie que, depuis la Terre, elle apparaît toujours dans le même secteur du ciel que notre étoile et ne peut jamais s'en éloigner de plus de vingt-huit degrés. Lorsque nous pouvons la voir, elle brille donc toujours au sein de lueurs crépusculaires plus ou moins intenses, ce qui ne facilite pas son repérage. Si l'on ajoute que ses apparitions à l'est et à l'ouest du Soleil ne sont pas toutes favorables puisqu'il faut tenir compte de l'inclinaison de sa trajectoire dans le ciel, qui l'éloigne plus ou moins de l'horizon, on comprend pourquoi il est assez rare de voir cette planète dans de bonnes conditions, sans même parler de la météo ! Je vous invite donc à profiter de son apparition matinale en octobre pour la repérer au-dessus de l'horizon est. Son éclat augmente jour après jour et, mi-octobre, elle se lève près d'une heure et demie avant le Soleil.

5 octobre

Saturne et la Lune

Le mercredi 5 octobre au crépuscule, une heure après le coucher du Soleil, l'éclat de Saturne vacille à moins de cinq degrés au-dessus d'une belle Lune gibbeuse croissante. Ces deux astres sont situés à l'est de la constellation du Capricorne et ils surplombent l'horizon sud-sud-est d'une vingtaine de degrés. Les conditions d'observation aux instruments de la planète aux anneaux sont toujours excellentes puisqu'elle franchit le méridien en cours de soirée à près de trente degrés de hauteur. Elle descend ensuite vers l'horizon ouest-sud-ouest, sous lequel elle disparaît en seconde partie de nuit.

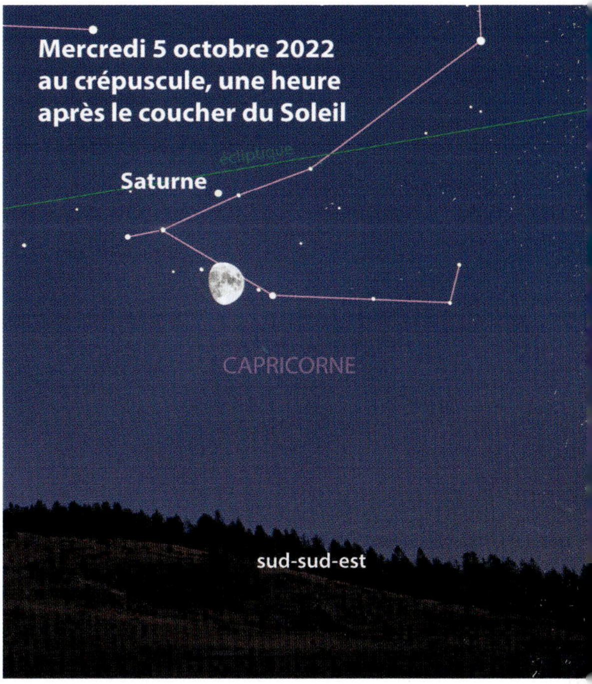

Mercredi 5 octobre 2022 au crépuscule, une heure après le coucher du Soleil, repérez le petit point de Saturne à moins de cinq degrés au-dessus de la Lune gibbeuse croissante.

8 octobre

Un couple éclatant

Il faut trois jours à la Lune pour parcourir la quarantaine de degrés qui sépare les planètes Saturne et Jupiter. Le samedi 8 octobre au crépuscule, vous n'attendrez pas longtemps après le coucher du Soleil pour distinguer le diamant jovien à l'est-sud-est, juste à côté du disque lunaire presque rond. Moins de deux semaines après son passage au plus près de la Terre, Jupiter brille toujours aussi vivement et c'est un plaisir de regarder ce couple tout au long du crépuscule et de la nuit. Surtout dans une région de la voûte céleste où ne brille pratiquement aucune étoile avec un tel lampadaire naturel.

Samedi 8 octobre 2022 au crépuscule, peu après le coucher du Soleil, l'éclat intense de Jupiter est visible au-dessus de l'horizon est-sud-est à moins de trois degrés de la Lune presque pleine.

À la poursuite du gegenschein

Aux latitudes européennes, l'automne est la meilleure période de l'année pour tenter de repérer et de photographier le *gegenschein*. Cette zone diffuse à peine plus lumineuse que le fond du ciel signale la portion de la bande de lumière zodiacale située exactement à l'opposé du Soleil par rapport à la Terre. Pour parvenir à la voir, il faut, d'une part, qu'elle apparaisse loin de la Voie lactée, sinon son éclat se confond avec elle, et, d'autre part, que le site d'observation soit suffisamment protégé de la pollution lumineuse. En octobre, le *gegenschein* brille dans la région des Poissons et passe loin au-dessus de l'horizon sud en cours de nuit. Cette image a été réalisée dans les Cévennes le 18 octobre 2020, peu après la dernière opposition de Mars, et le *gegenschein* luisait alors juste au-dessus de cette planète. À l'œil nu en vision décalée (voir page 10), la tache oblongue du *gegenschein* était tout juste perceptible, mais cette pose cumulée d'un peu plus de trois minutes la révèle sans ambiguïté.

Nuit du 14 au 15 octobre

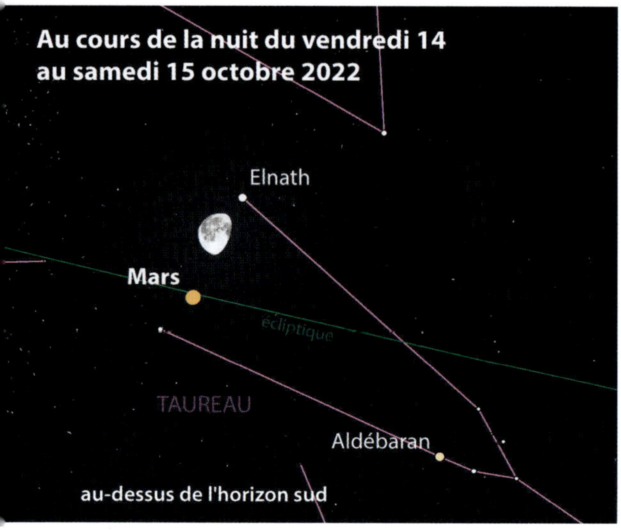

Au fil de la nuit du vendredi 14 au samedi 15 octobre 2022, suivez la course de la Lune gibbeuse décroissante et du rubis martien, de l'horizon est-nord-est au méridien.

La Lune domine Mars

Mars et la Lune gibbeuse décroissante traversent la nuit du vendredi 14 au samedi 15 octobre l'une à côté de l'autre. Notre satellite naturel se lève à l'est-nord-est en milieu de soirée et Mars la suit une demi-heure plus tard. Dans le Taureau, ces deux astres passent au méridien peu avant l'aube, à plus de soixante-cinq degrés de hauteur. Alors que notre planète est en train de la rattraper à la corde dans sa course autour du Soleil, la planète rouge commencera sa rétrogradation apparente vers l'ouest de l'écliptique le 30 octobre, un peu plus d'un mois avant son opposition du 8 décembre prochain.

24 octobre

Fin croissant pour Mercure

Le lundi 24 octobre à l'aube, moins d'une heure avant le lever du Soleil, la vieille Lune regarde Mercure apparaître au ras de l'horizon est, quatre degrés sous elle. L'éclat de la planète a été multiplié par neuf depuis le début du mois et c'est ce qui nous permet de la repérer encore aujourd'hui. Il faut cependant que le ciel soit parfaitement limpide parce que la moindre brume soufflera sa torche sans pitié. Si vous possédez des jumelles, placez le mince croissant lunaire en haut du champ et vous devriez voir Mercure dans la portion basse, légèrement décalée sur la gauche, comme le montre le schéma.

Lundi 24 octobre 2022 à l'aube, une heure avant l'arrivée du Soleil, cherchez Mercure au ras d'un horizon oriental dégagé et limpide, à l'aplomb du croissant lunaire.

Éclipse partielle de Soleil

La Nouvelle Lune glisse devant le Soleil le mardi 25 octobre en fin de matinée, mais l'alignement dans l'espace de ces deux astres par rapport à la Terre n'est pas parfait et seule une portion du disque solaire est éclipsée. En France métropolitaine, cette éclipse partielle ressemble à s'y méprendre à celle du 10 juin 2021, avec moins de 10 % du diamètre solaire occultés par le disque lunaire dans le Sud-Ouest et près de 30 % dans le Nord-Est. L'éclipse est d'autant plus importante que l'on se situe au nord-est de l'Europe et de la Russie, où elle atteint 86 %, mais il ne se produit aucune éclipse annulaire ou totale sur la Terre. Une éclipse partielle de Soleil doit impérativement être observée avec des filtres ou des instruments spéciaux, que vous trouverez dans les magasins spécialisés en matériel astronomique. Si vous ne possédez aucun filtre adéquat, ne regardez en aucun cas le Soleil directement, mais concentrez-vous plutôt sur son image telle qu'elle apparaît lorsqu'elle est projetée au sol ou sur un écran par les interstices d'un feuillage, les trous d'une passoire ou d'une écumoire, ou, tout simplement, par vos mains croisées. Au lieu d'être parfaitement rondes, les multiples petites taches projetées sur le sol montreront une échancrure plus ou moins prononcée ; c'est tout petit et moins bien résolu qu'avec un instrument et un filtre spécial, bien sûr, mais cela permet tout de même de suivre l'évolution de cette éclipse de Soleil sans aucun risque pour votre vision.

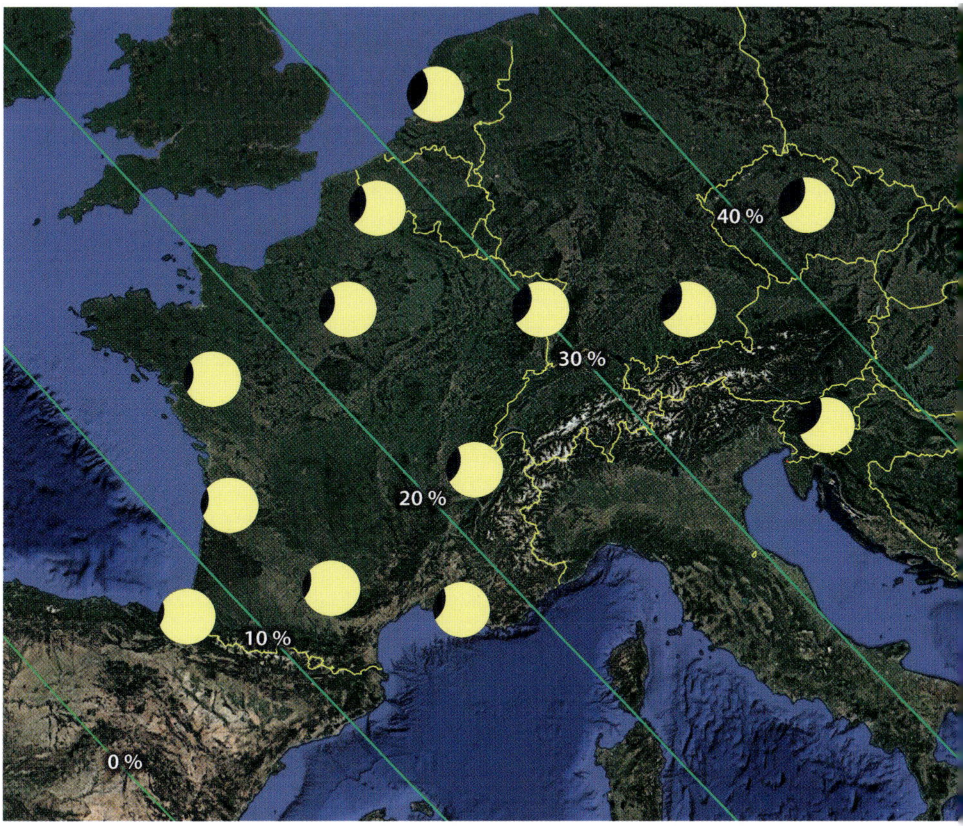

Mardi 25 octobre 2022 en fin de matinée, la Nouvelle Lune occulte partiellement le disque solaire et une petite éclipse partielle est visible en France métropolitaine avec les moyens de protection adéquats. Illustration d'après Xavier Jubier.

Premier Quartier le 1er
Capricorne

Pleine Lune le 8
Bélier

Dernier Quartier le 16
Lion

Nouvelle Lune le 23
Scorpion

Premier Quartier le 30
Verseau

À L'AFFICHE DU CIEL

- **Le croissant lunaire du soir :** du 25 au 29
- **La Lune gibbeuse et pleine :** du 2 au 15
- **Le croissant lunaire du matin :** du 18 au 22
- **Le ciel sans la Lune :** le 23 et le 24
- **La planète Mercure :** inobservable
- **La planète Vénus :** inobservable dans de bonnes conditions
- **La planète Mars :** une grande partie de la nuit, de l'est-nord-est à l'ouest
- **La planète Jupiter :** une grande partie de la nuit de l'est-sud-est à l'ouest
- **La planète Saturne :** en première partie de la nuit, du sud à l'ouest-sud-ouest

Lever et coucher du Soleil, le 15

ville	lever	coucher
Annecy	7h35	17h04
Bayonne	7h59	17h41
Guéret	7h53	17h20
Lille	8h02	17h02
Nice	7h25	17h06
Paris	8h00	17h10
Quimper	8h23	17h39
Rochefort	8h04	17h33
Strasbourg	7h37	16h50
Toulouse	7h48	17h29

Tous les horaires sont donnés en heure légale française (temps universel + 1 h).

Novembre

La montée était douce. Je suivais les mille traces laissées dans les bruyères par les brebis qui arpentaient les pentes du pic Cassini durant l'été. J'avais laissé sur ma gauche l'enclos qu'elles avaient enrichi et qu'une herbe drue et jaunie envahissait à présent. Des myrtilliers se faufilaient partout entre les bruyères, exposant leurs feuilles violacées aux rayons obliques d'un soleil fatigué. Moins d'une heure avant la fin du jour, le ciel bleu pâle attendait la nuit et je progressais résolument, zigzaguant entre les flaques et les filets d'eau éparpillés par les pluies diluviennes des jours précédents. Avec mes appareils et mes affaires chaudes, mon sac à dos était gonflé, mais la pyramide d'acier au sommet du pic Cassini était déjà en vue, dominant un bel amoncellement de blocs granitiques. Les longs cirrus tressés dans le ciel du couchant ne me dérangeaient pas, au contraire, ils magnifieraient les lueurs crépusculaires le moment venu. Arrivé au sommet, des rafales de vent plaquèrent mon tee-shirt humide contre mes reins et je me changeai en admirant la vue. Au nord-est, le mont Blanc bosselait la ligne d'horizon avant qu'elle ne se transforme en un chemin de ronde aux créneaux érodés en traversant la Vanoise. J'installai mon matériel photographique et mangeai lentement en regardant la nuit monter (suite page 126).

Le Sagittaire se couche au début des nuits automnales, mais la Voie lactée se dresse encore fièrement au sud-ouest, prolongeant le sentier du col des Pises (parc national des Cévennes). Sur cette image prise en 2020, Jupiter et Saturne bornent la base de ce pilier moucheté d'étoiles planté droit dans la hêtraie roussie par les premiers froids. Technique : boîtier Sony A7III avec un objectif Sigma ART de 20 mm diaphragmé à 2,8 ; mosaïque de deux images horizontales avec, pour chaque image, 20 poses de 10 secondes à 800 ISO sans entraînement.

Le ciel du soir

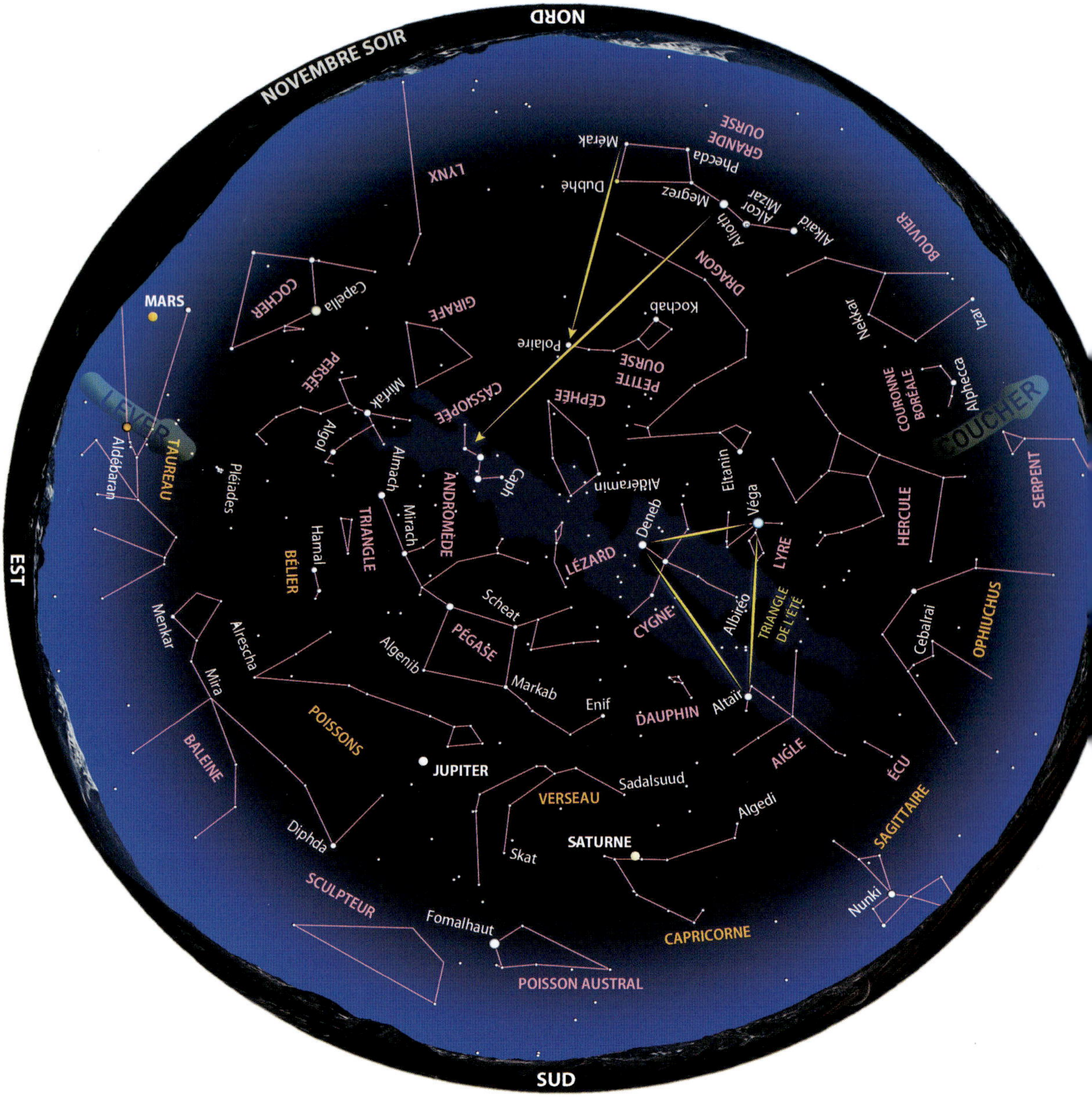

Aux latitudes européennes, le problème récurrent du mois de novembre est le mauvais temps ; les nuits ou les fractions de nuit durant lesquelles l'observation de la voûte céleste est possible se comptent souvent sur les doigts d'une seule main. Alors si une courte période anticyclonique se présente, lâchez tout et allez admirer le ciel étoilé loin des lumières. L'horizon sud est garni par des constellations assez peu spectaculaires à l'œil nu, Capricorne, Verseau, Poisson austral, Sculpteur, Baleine, mais l'étage supérieur est bien plus attrayant. Le carré de Pégase arrive au méridien en début de soirée et il tire derrière lui tout un aréopage de figures importantes, riches d'étoiles brillantes et d'objets célestes particulièrement attractifs à l'œil nu, aux jumelles et dans les instruments de plus grand diamètre. Il y a bien évidemment Andromède et sa galaxie majestueuse, qui a la même apparence à l'œil nu qu'une petite louche de Voie lactée.

Le ciel à l'orée de l'aube

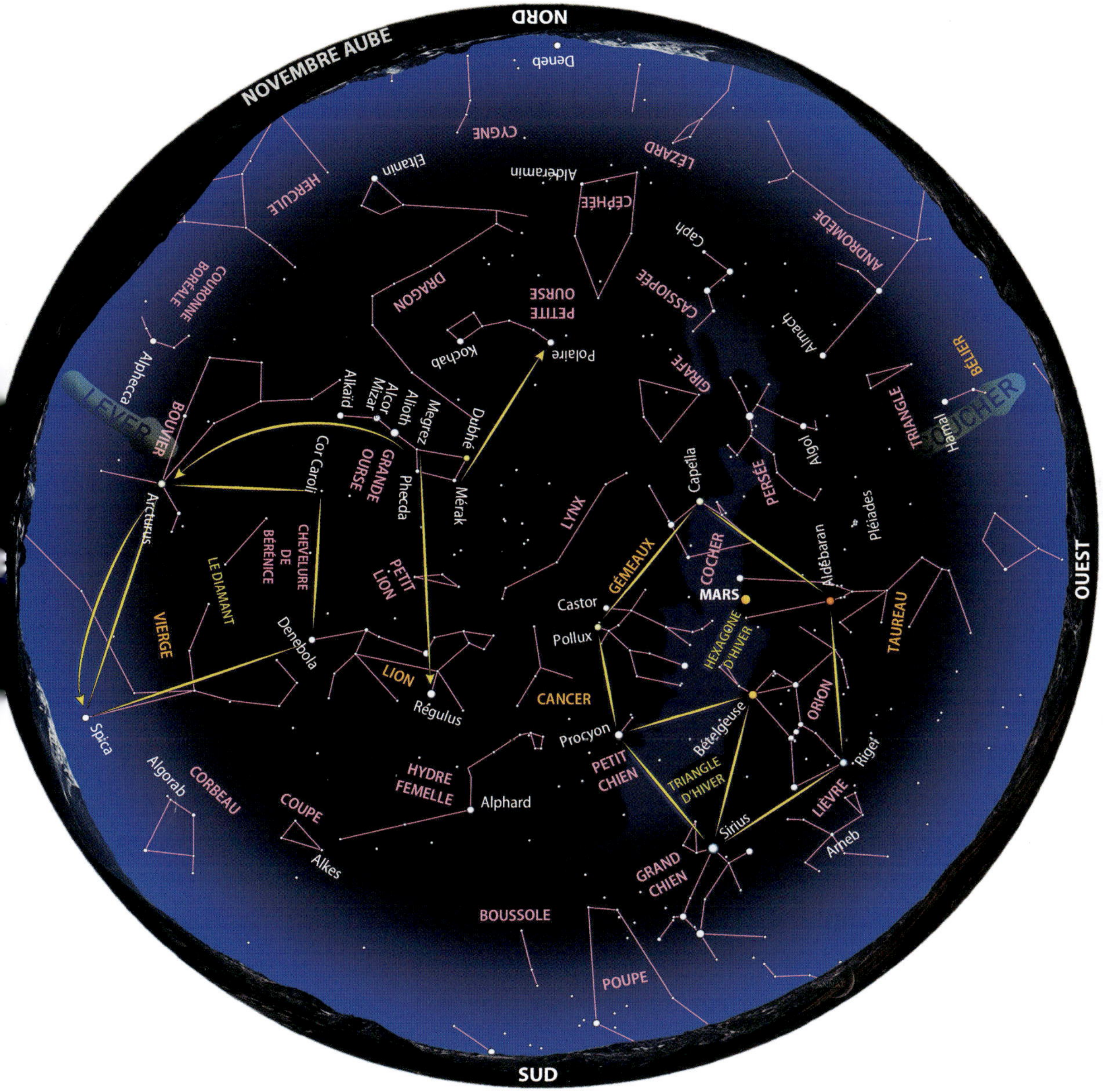

Non loin d'elle, la figure du Triangle abrite, elle aussi, une galaxie éponyme, mais elle est bien plus délicate à détecter sans instrument. Cassiopée, Persée et le Cocher sont de superbes ensembles étoilés qui se succèdent en descendant le mince filet de la Voie lactée ; celle-ci gagne un peu d'épaisseur à l'approche d'Orion et du Petit Chien. Tard dans la nuit, les Gémeaux et le Lion encadrent le Cancer au-dessus de l'horizon est, puis ils s'élèvent à la poursuite d'Orion. Juste avant l'aube, la Grande Ourse reprend du poil de la bête après son rase-mottes septentrional. Saturne dans le Capricorne, Jupiter dans les Poissons et Mars dans le Taureau apparaissent au fil du crépuscule.

Consultez la page 11 pour en savoir plus sur l'utilisation de ces cartes du ciel.
La position des planètes est précise pour le 15 du mois.

1er et 2 novembre

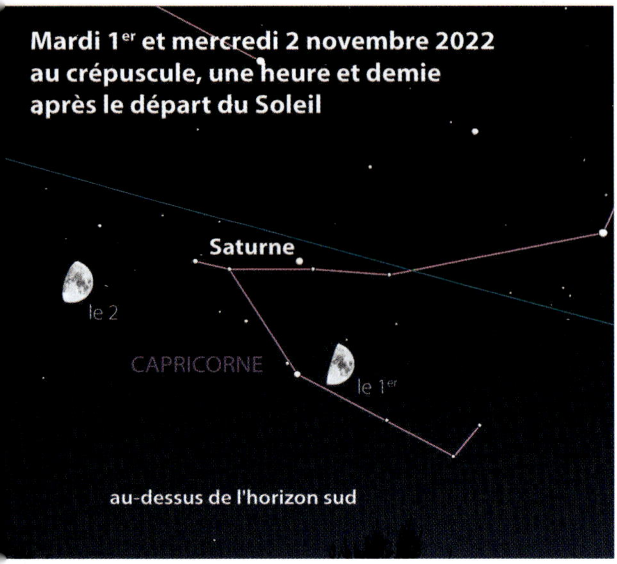

Une Lune gibbeuse

Le mardi 1er et le mercredi 2 novembre au crépuscule, une heure et demie après le coucher du Soleil, la Lune légèrement ovale brille dans le voisinage de Saturne, à près de six degrés le 11 et de douze degrés le 2. La planète brille à une trentaine de degrés de hauteur au-dessus de l'horizon sud et il lui faut près de cinq heures pour atteindre l'horizon ouest-sud-ouest, sous lequel elle plonge vers minuit. Entre son premier et son dernier quartier, lorsque la Lune est plus ou moins ovalisée, on dit qu'elle présente une gibbosité ou qu'elle est gibbeuse, comme le dos d'un bossu ou la bosse d'un dromadaire.

Mardi 1er et mercredi 2 novembre 2022 au crépuscule, une heure et demie après le départ du Soleil, la gibbosité lunaire rend visite à Saturne au-dessus de l'horizon sud.

4 novembre

1 650 fois plus loin

Le vendredi 4 novembre au crépuscule, moins d'une demi-heure après le coucher du Soleil, la Lune gibbeuse croissante et Jupiter sont les premiers astres visibles dans le ciel encore bleu pâle, à plus de vingt degrés de hauteur au-dessus de l'horizon est-sud-est. Leur séparation apparente est proche de quatre degrés, mais, naturellement, il faut toujours penser à une dimension que nos yeux ne perçoivent pas sur le ciel : la profondeur. Ce soir, notre satellite orbite autour de la Terre à seulement 378 000 kilomètres, alors que Jupiter est à plus de 625 millions de kilomètres, soit près de 1 650 fois plus loin !

Vendredi 4 novembre 2022 au crépuscule, moins d'une demi-heure après le coucher du Soleil, Jupiter et la Lune gibbeuse sont visibles à une vingtaine de degrés de hauteur au-dessus de l'horizon est-sud-est.

Nuit du 11 au 12 novembre

Mars et Sirius à égalité

Le vendredi 11 novembre au soir, deux heures après le coucher du Soleil, contemplez le lever de Mars et de la Lune gibbeuse décroissante à l'est-nord-est. L'éclat martien poursuit sa croissance à l'approche de l'opposition de cette planète et, au ras du sol, alors qu'elle traverse les zones les plus turbulentes du ciel, sa lueur orangée semble flamboyer comme un feu d'alarme sur une crête lointaine. Laissez passer quelques heures, le temps pour le Taureau de hisser Mars jusqu'au méridien au cœur de la nuit inondée de lumière par la face lunaire, puis comparez Mars à Sirius, l'étoile la plus brillante de la sphère céleste. Ces deux astres présentent un éclat égal actuellement, mais leur teinte est bien différente. Sirius est une étoile de type spectral A0 (voir page 102) et sa couleur naturelle est un bleu très clair, alors que l'éclat solaire réfléchi par la surface martienne apparaît plus ou moins cuivré. Lorsque l'atmosphère terrestre est parfaitement stable, la couleur délicatement bleutée de Sirius est perceptible à l'œil nu, mais dès que la turbulence s'en mêle, des flashs rouges et verts brouillent sa pureté.

Vendredi 11 novembre 2022 au soir, deux heures après le coucher du Soleil, ne manquez pas le lever du couple d'une nuit formé par Mars et la Lune gibbeuse décroissante. Ces astres franchissent le méridien huit heures plus tard, à près de soixante-dix degrés de hauteur, et brillent à l'ouest au lever du Soleil.

Repérez les mers lunaires à l'œil nu

S'il faut des jumelles ou une lunette pour découvrir et apprécier les innombrables cratères et autres chaînes montagneuses qui constellent la Lune, nos yeux sont suffisants pour reconnaître ses principales mers. Appelées « mers » par les premiers astronomes qui ont cartographié notre satellite naturel, ces vastes étendues sont, en fait, de grands épanchements de lave engendrés par des impacts météoritiques majeurs. Plus sombres et globalement plus lisses que les terrains environnants, les mers apparaissent au fil de la lunaison et vous pouvez vous entraîner à les reconnaître de jour comme de nuit selon la phase. Il faut généralement attendre le **troisième** jour après la Nouvelle Lune pour repérer la tache ovalisée de la mer des Crises pratiquement au centre du jeune croissant. Le **quatrième** jour, le terminateur – la ligne qui sépare le jour de la nuit sur le globe sélène – libère la mer de la Fécondité en dessous de la mer des Crises ; il y a juste un isthme plus clair bien visible entre les deux. Le **sixième** jour, plusieurs mers importantes sont en place et vous pouvez les identifier dès l'après-midi en observant le quartier lunaire qui vogue dans le ciel bleu : du sud au nord, vous voyez la mer du Nectar, la mer de la Tranquillité, où se sont promenés Neil Armstrong et Buzz Aldrin en juillet 1969, et la mer de la Sérénité, dont la rive gauche est encore plongée dans la nuit. Le **neuvième** jour de la lunaison, alors que le terminateur vient de libérer la tache blanche du grand cratère Copernic, la mer des Nuées, celle des Îles et celle des Vapeurs forment un aplat difforme au sud de l'arrondi parfait de la grande mer des Pluies, qui sort progressivement de la nuit jusqu'au **onzième** jour. Ce jour-là, nous voyons également la mer des Humeurs dans l'hémisphère austral de la Lune et, juste au-dessus d'elle, la mer de la Connaissance. L'immense flaque sombre qui apparaît alors sous le terminateur est celle de l'océan des Tempêtes, que nous ne voyons intégralement qu'à la Pleine Lune, au **quatorzième** jour de la lunaison. L'écharpe grise de la mer du Froid est également présente au septentrion lunaire, mais elle est moins sombre et ne se distingue pas aussi bien que les autres à l'œil nu. Après la Pleine Lune, les mers replongent dans la nuit dans l'ordre de leur apparition.

À quel moment et où chercher la Lune en fonction de sa phase

Phase de la Lune	Elle se lève	Elle est dans la partie est du ciel	Elle est au plus haut de sa trajectoire	Elle est dans la partie ouest du ciel	Elle se couche
Croissants du soir	juste après le lever du Soleil	le matin	juste après midi	l'après-midi	juste après le coucher du Soleil
Premier Quartier	à midi	l'après-midi	au coucher du Soleil	au début de la nuit	en milieu de nuit
Gibbeuse croissante	l'après-midi	au coucher du Soleil	au début de la nuit	en milieu de nuit	en fin de nuit
Pleine Lune	au coucher du Soleil	au début de la nuit	en milieu de nuit	en fin de nuit	au lever du Soleil
Gibbeuse décroissante	au début de la nuit	en milieu de nuit	en fin de nuit	au lever du Soleil	le matin
Dernier Quartier	en milieu de nuit	en fin de nuit	au lever du Soleil	le matin	à midi
Croissants du matin	juste avant le lever du Soleil	le matin	juste avant midi	l'après-midi	juste avant le coucher du Soleil

3e jour
Mer des Crises

4e jour
Mer des Crises
Mer de la Fécondité

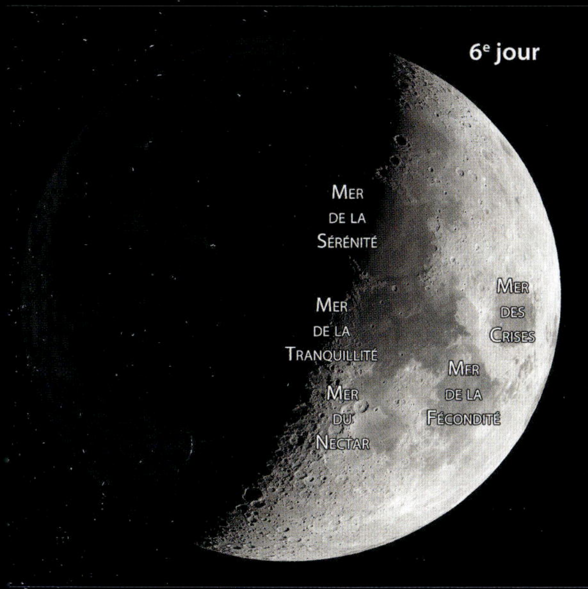
6e jour
Mer de la Sérénité
Mer des Crises
Mer de la Tranquillité
Mer de la Fécondité
Mer du Nectar

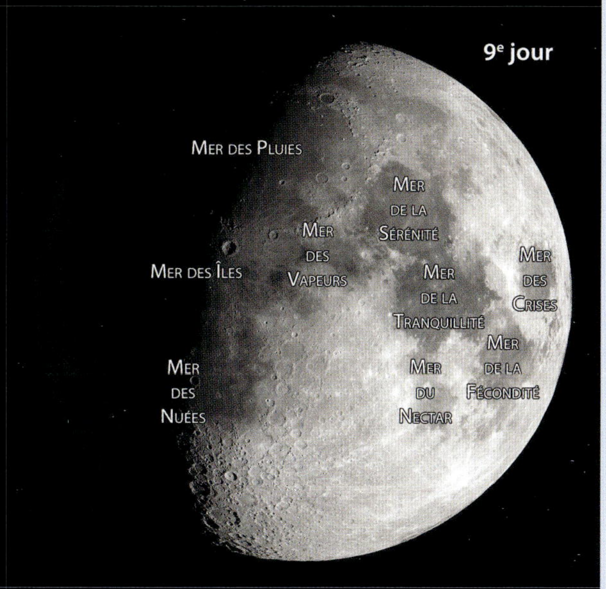
9e jour
Mer des Pluies
Mer de la Sérénité
Mer des Vapeurs
Mer des Îles
Mer de la Tranquillité
Mer des Crises
Mer de la Fécondité
Mer des Nuées
Mer du Nectar

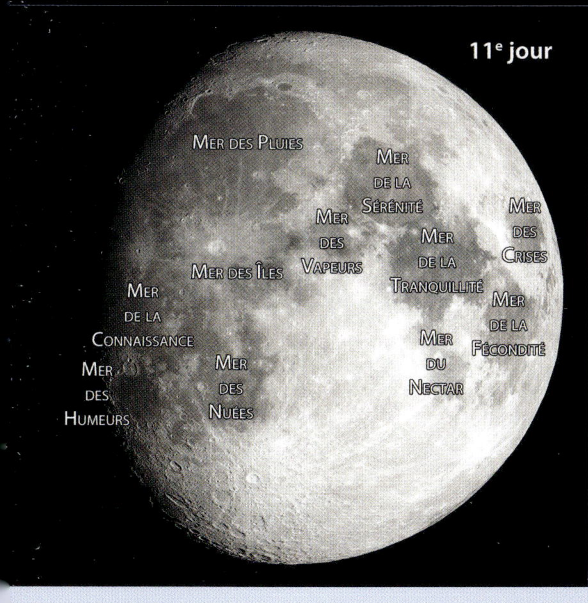
11e jour
Mer des Pluies
Mer de la Sérénité
Mer des Vapeurs
Mer des Crises
Mer de la Tranquillité
Mer des Îles
Mer de la Connaissance
Mer de la Fécondité
Mer du Nectar
Mer des Humeurs
Mer des Nuées

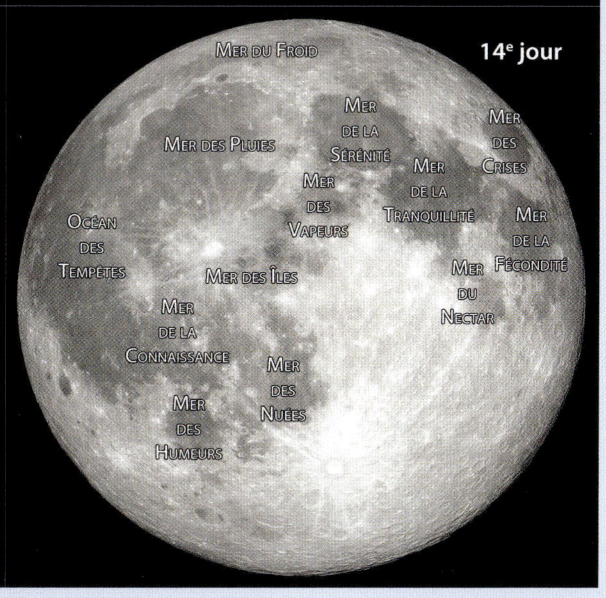
Mer du Froid
14e jour
Mer de la Sérénité
Mer des Crises
Mer des Pluies
Mer de la Tranquillité
Mer des Vapeurs
Océan des Tempêtes
Mer de la Fécondité
Mer des Îles
Mer du Nectar
Mer de la Connaissance
Mer des Nuées
Mer des Humeurs

Nuit du 17 au 18 novembre

Verrons-nous quelques Léonides ?

Peu après la mi-novembre, notre planète traverse une région de son orbite saupoudrée de poussières par la comète 55P Tempel-Tuttle lors de ses passages périodiques au plus près du Soleil. Durant la nuit du jeudi 17 au vendredi 18 novembre, nous avons ainsi la possibilité de saisir au vol quelques étoiles filantes autour de la constellation du Lion. La géométrie de la rencontre nous donne en effet l'impression que ces flèches lumineuses proviennent toutes d'un point situé au niveau de la tête du céleste félin, c'est d'ailleurs pour cela que l'on dit qu'elles appartiennent à l'essaim des Léonides. La Terre percute de plein fouet les poussières qui produisent ces étoiles filantes en disparaissant dans la haute atmosphère si bien que leur vitesse s'additionne à celle de notre planète sur son orbite, ce qui donne des étoiles filantes très rapides. L'essaim des Léonides nous offre parfois aussi quelques spécimens extrêmement lumineux et il faut espérer que ce sera le cas cet automne car l'éclat du gros croissant lunaire installé à l'est du Lion risque de nous empêcher de voir les étoiles filantes les moins brillantes.

Au cours de la nuit du jeudi 17 au vendredi 18 novembre 2022, éloignez-vous des lampadaires pour tenter d'admirer quelques étoiles filantes de l'essaim des Léonides. Elles devraient rayonner autour de la constellation du Lion après minuit.

28 et 29 novembre

Premier croissant pour Saturne

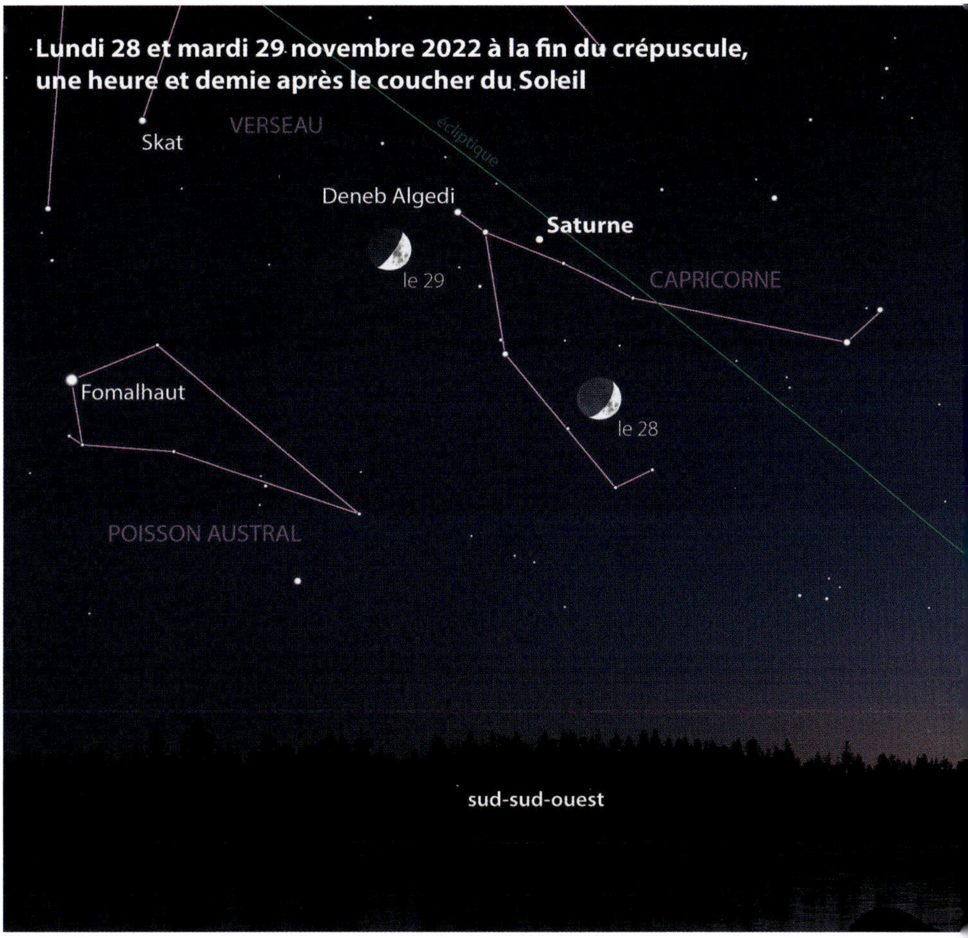

Lundi 28 et mardi 29 novembre 2022 à la fin du crépuscule, une heure et demie après le départ du Soleil, Saturne et le croissant lunaire sont installés à plus de vingt degrés de hauteur au-dessus de l'horizon sud-sud-ouest.

Le lundi 28 et le mardi 29 novembre à la fin du crépuscule, une heure et demie après le coucher du Soleil, Saturne salue son premier croissant lunaire depuis bien des mois. Ces deux astres brillent à plus de vingt degrés de hauteur au-dessus de l'horizon sud-sud-ouest et leur séparation apparente est supérieure à sept degrés. On sait que l'on approche de la clôture de la saison d'observation de cette planète lorsque la Lune qu'elle côtoie perd ses rondeurs, puisque cela signifie que son élongation solaire diminue. Deux heures après la fin du crépuscule astronomique, Saturne n'est plus qu'à une quinzaine de degrés de hauteur et la turbulence atmosphérique augmente. Dans un instrument, même avec un petit grossissement, l'image des anneaux de cette planète géante semble frétiller comme l'air au-dessus d'une route surchauffée par le Soleil et il devient de plus en plus difficile de faire une mise au point satisfaisante. Heureusement, à l'œil nu, Saturne nous tiendra compagnie jusqu'à la fin du mois de janvier prochain, avec, notamment, une très belle rencontre avec Vénus et le jeune croissant lunaire.

Pleine Lune le 8
Taureau

Dernier Quartier le 16
Vierge

Nouvelle Lune le 23
Sagittaire

Premier Quartier le 30
Baleine

À L'AFFICHE DU CIEL

- **Le croissant lunaire du soir :** du 24 au 28
- **La Lune gibbeuse et pleine :** du 1er au 15 et le 31
- **Le croissant lunaire du matin :** du 18 au 22
- **Le ciel sans la Lune :** le 23
- **La planète Mercure :** au crépuscule après le 8, basse à l'ouest-sud-ouest
- **La planète Vénus :** au crépuscule, très basse à l'ouest-sud-ouest
- **La planète Mars :** toute la nuit, de l'est-nord-est à l'ouest-nord-ouest
- **La planète Jupiter :** en première partie de la nuit, du sud à l'ouest
- **La planète Saturne :** en début de nuit, du sud-sud-ouest à l'ouest-sud-ouest

Lever et coucher du Soleil, le 15

ville	lever	coucher
Annecy	8h10	16h51
Bayonne	8h32	17h30
Guéret	8h28	17h07
Lille	8h43	16h43
Nice	7h58	16h55
Paris	8h37	16h54
Quimper	8h59	17h23
Rochefort	8h39	17h19
Strasbourg	8h14	16h34
Toulouse	8h20	17h18

Tous les horaires sont donnés en heure légale française (temps universel + 1 h).

Décembre

Au sud du pic Cassini, perdue dans l'océan crépusculaire, Jupiter brillait déjà comme un phare lointain ébranlé par la turbulence. Alors que l'ouest s'embrasait, l'obscurité enveloppait lentement les Cévennes qui ondulaient devant moi jusqu'à l'Aigoual. Cette étendue sombre était à peine troublée par le reflet de l'ultime blancheur du jour sur les filets d'eau s'échappant des sources du Tarn ; je me levai pour photographier la scène. Les couleurs naturelles s'effaçaient, mais des milliers d'étoiles artificielles s'allumaient au loin et je croyais voir des vagues aux embruns lumineux s'abattre sur les flancs sombres des vallées cévenoles. Le contraste visuel entre l'horizon barbelé d'éclats électriques et le territoire d'un noir profond qui m'entourait était saisissant et je délaissai mes appareils pour savourer le surgissement du grouillement stellaire. Les volutes blanchâtres de la Voie lactée guidaient ma contemplation alors que Jupiter tombait vers le sud-ouest, son éclat puissant concurrençant les flashs écarlates des alignements d'éoliennes. La Grande Ourse se reposait sur l'horizon nord avant une nouvelle ascension de la voûte nocturne et le silence était total à présent que le vent s'était endormi. Apaisé, je m'allongeai sur le sol sableux et me plongeai sans peur dans l'immensité qui m'enveloppait.

Deux planètes qui se croisent, un premier plan harmonieux et un crépuscule coloré : il ne faut finalement pas grand-chose pour rendre heureux un observateur du ciel ! En décembre 2020, Jupiter et Saturne sont passées à moins d'un demi-degré l'une de l'autre et, après des semaines d'un temps franchement mitigé, le ciel était parfait au-dessus de l'étang de l'Or bariolé de couleurs électriques par les éclats artificiels de Palavas-les-Flots. Technique : boîtier Sony A7III avec un objectif Sony GM de 85 mm diaphragmé à 3,5, 10 secondes de pose à 640 ISO.

Le ciel du soir

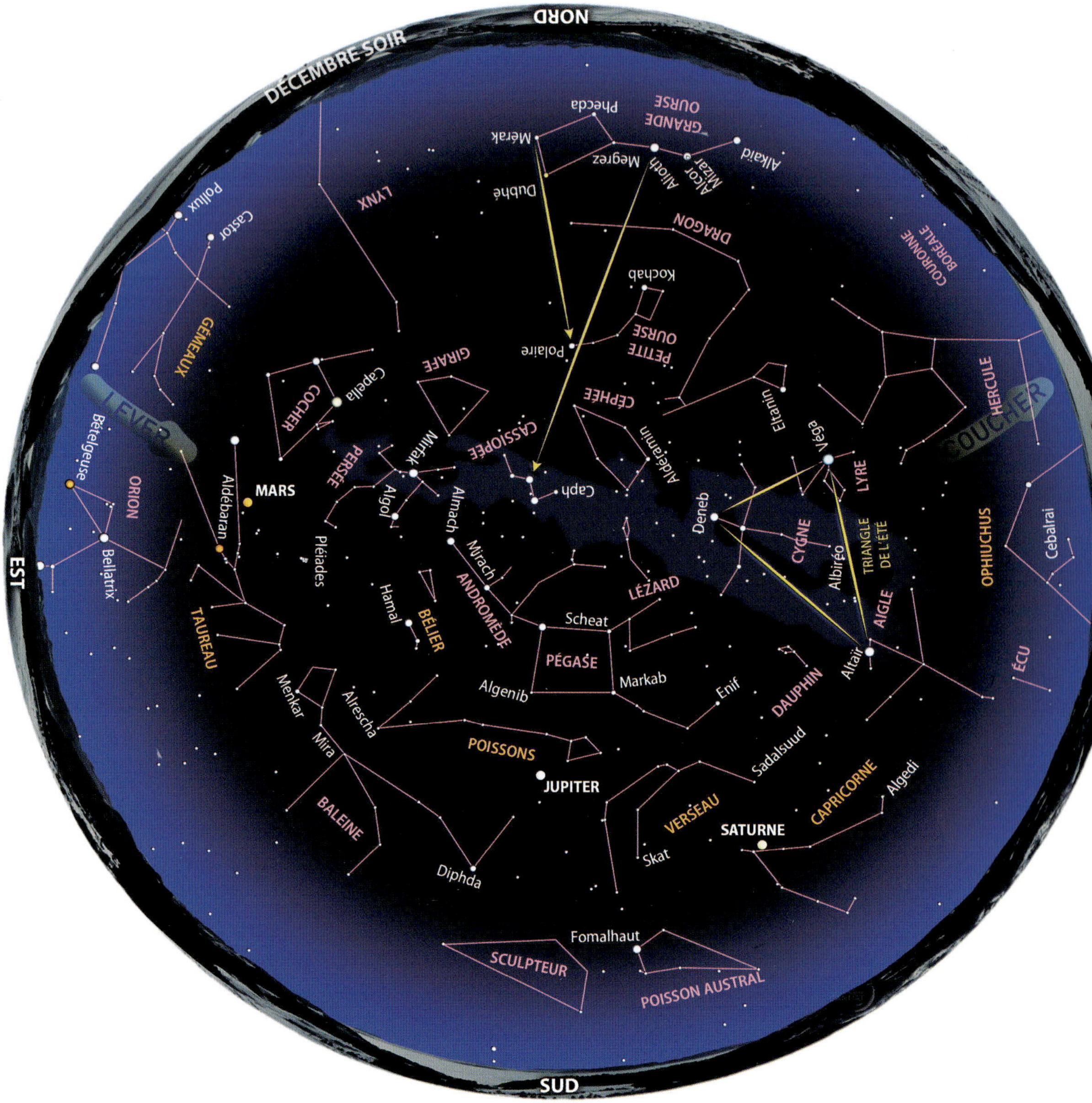

Décembre est un mois de transition sur la voûte céleste. Les chaleurs estivales semblent lointaines et pourtant Véga, Deneb et Altaïr, les trois belles de l'été, sont encore présentes au-dessus de l'horizon ouest à la fin du crépuscule astronomique. La trace bifide de la Voie lactée qui les soutient luit toujours fièrement dans un ciel bien noir. En tournant le dos à cette persistance estivale, vous verrez bien que l'hiver arrive et qu'aucun mur ne saurait arrêter l'avancée inexorable d'Orion dans le ciel du soir. L'hiver, il est là dès le milieu de la nuit, lorsqu'il ne reste de l'été que l'éclat hésitant de Deneb au ras de l'horizon nord-ouest et que Pégase et les Poissons plongent vers l'orient. Toutes les figures hivernales entourent Orion : le Lièvre, le Taureau et les Gémeaux, mais aussi le Petit Chien et sa très belle étoile Procyon. Celle-ci souffre de sa comparaison avec Sirius du Grand Chien, mais c'est tout de même l'une des étoiles les plus brillantes du ciel ; elle est d'ailleurs

Le ciel à l'orée de l'aube

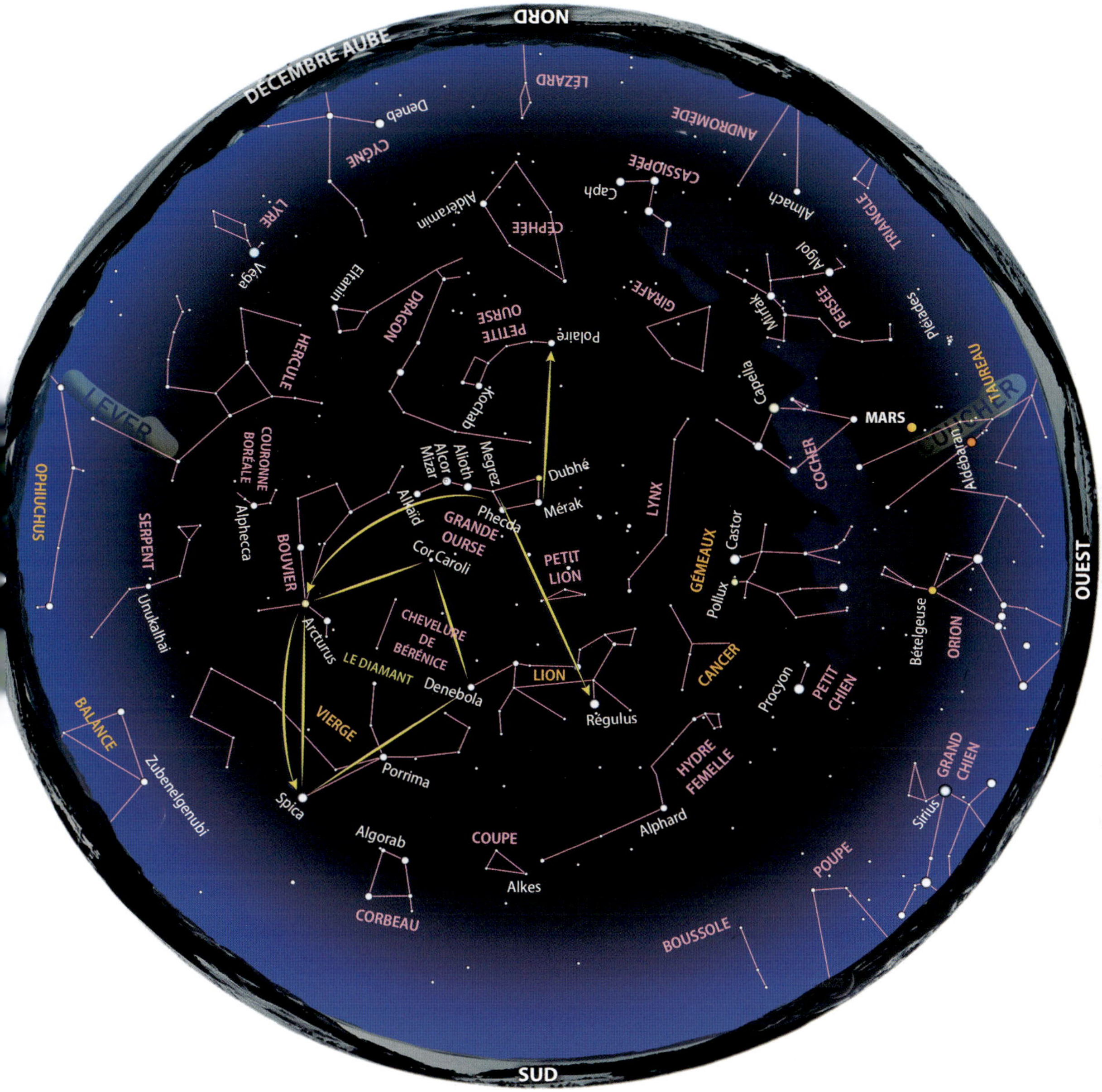

plus éclatante que Bételgeuse. Si vous avez la chance de vous trouver sous un ciel vraiment sombre, vous verrez que la Voie lactée, si maigre au niveau de Cassiopée et de Persée, reprend de l'épaisseur entre le Petit Chien et Orion avant d'aborder les vastes allées du ciel austral. Les immenses nuits de décembre nous permettent aussi de découvrir le retour du ciel printanier avant l'aube. La Grande Ourse arrive en haut du bol nocturne et le Bouvier, la Vierge, le Lion et la Chevelure de Bérénice grimpent vers le zénith avant les premières lueurs du jour. Saturne dans le Capricorne, Jupiter au méridien dans les Poissons et Mars à l'opposition dans le Taureau sont bien visibles le soir en décembre.

Consultez la page 11 pour en savoir plus sur l'utilisation de ces cartes du ciel.
La position des planètes est précise pour le 15 du mois.

1er et 2 décembre

Jupiter au point vernal

Le jeudi 1er et le vendredi 2 décembre au soir, trois heures après le coucher du Soleil, Jupiter accueille la Lune gibbeuse croissante au méridien à près de quarante degrés de hauteur. Actuellement, l'éclat jovien est visible juste à côté du point vernal. Ce point est important car il sert d'origine dans le système de coordonnées astronomiques qui permet de repérer les astres sur la sphère céleste. Sur Terre, il est aisé de connaître la position de n'importe quel lieu avec sa longitude et sa latitude, mais ce système de coordonnées terrestres n'est pas utilisable sur le ciel puisque la Terre tourne. Les astronomes ont donc inventé un système de repérage dans lequel chaque étoile possède des coordonnées invariables. Le plan fondamental de ce système est celui de l'équateur terrestre, que l'on projette sur le ciel pour tracer l'équateur céleste. L'axe de rotation de la Terre étant incliné par rapport à son plan orbital – le plan de l'écliptique –, l'équateur céleste fait lui aussi un angle de 23° 26' avec l'écliptique. L'écliptique coupe l'équateur céleste deux fois par an, aux équinoxes, et l'intersection de l'équinoxe de mars est appelée le point vernal et sert de point d'origine pour le système de coordonnées des astres, dans lequel l'ascension droite remplace la longitude et la déclinaison remplace la latitude.

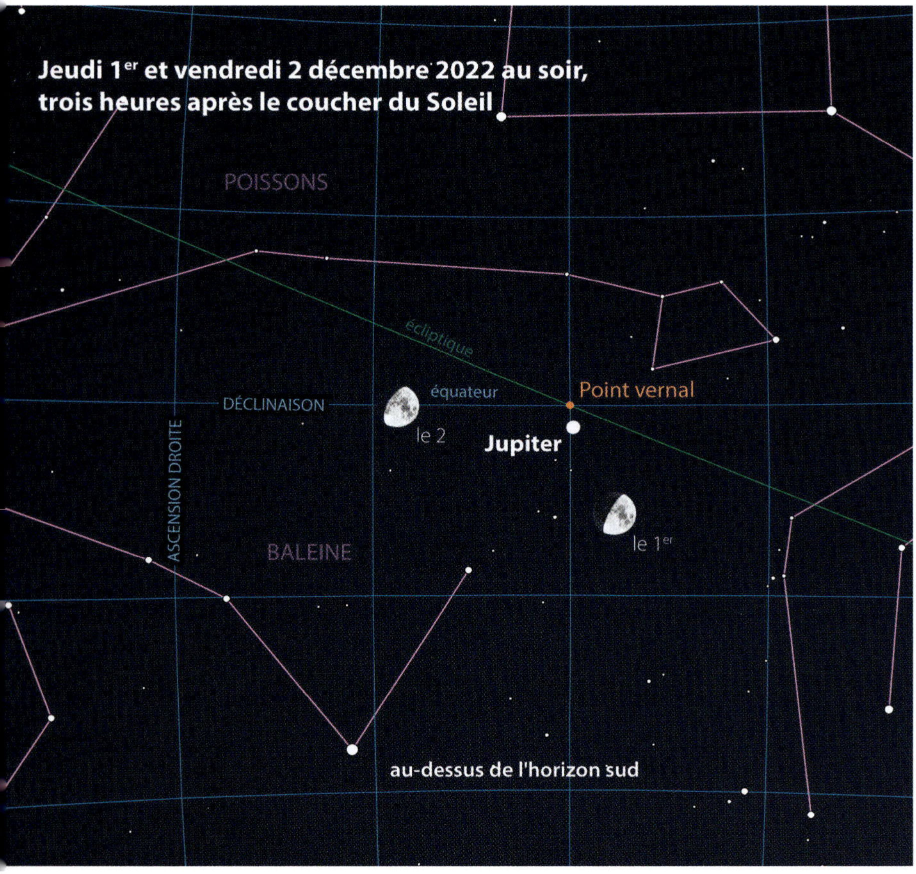

Jeudi 1er et vendredi 2 décembre 2022 au soir, trois heures après le coucher du Soleil, Jupiter brille au méridien, à plus de quarante degrés de hauteur, et elle reçoit la visite de la Lune gibbeuse croissante. Leur séparation apparente est proche de cinq degrés le 1er et de neuf degrés le 2.

La Pleine Lune occulte Mars

À la fin de la nuit du mercredi 7 au jeudi 8 décembre 2022, au cours de laquelle il est possible de suivre le glissement inéluctable du disque lunaire vers l'éclat orangé de Mars, nous pouvons assister à une superbe occultation. La planète rouge et la Lune sont à l'opposition et circulent pratiquement à la même distance apparente au nord de l'écliptique, ce qui permet à la Lune de passer devant la torche martienne.
L'horaire précis de l'occultation dépend de votre position géographique, mais, en France métropolitaine, elle se produit un peu avant le début de l'aube, alors que ces deux astres surplombent l'horizon ouest-nord-ouest d'une vingtaine de degrés. Vous pouvez observer cette occultation à l'œil nu, mais elle sera bien plus spectaculaire avec des jumelles ou une lunette. L'occultation dure un peu moins d'une heure et le disque martien réapparaît dans un ciel éclairci par l'aube.
Cette image a été prise le 6 septembre 2020 au petit matin, alors que le disque martien frôlait (en apparence) le limbe lunaire ; lunette de 850 mm de focale, pose de 1/1000e à 160 ISO.

Opposition de Mars

Le jeudi 8 décembre, le Soleil, la Terre et Mars sont alignés dans l'espace et la planète rouge apparaît donc à l'opposé du Soleil dans le ciel de notre planète : elle se lève lorsque le Soleil se couche et se couche quand le Soleil se lève. Nous sommes au cœur de la meilleure période depuis plus de deux années pour observer cette planète dans un instrument et pour la photographier. D'autant plus qu'elle brille vivement au nord du Taureau et franchit le méridien à près de soixante-dix degrés de hauteur, loin des régions les plus turbulentes de l'atmosphère. Située 1,5 fois plus loin du Soleil que la Terre, Mars met 1,88 fois plus de temps pour parcourir son orbite et il s'écoule 2,13 années entre deux oppositions ; le prochain alignement Soleil-Terre-Mars se produira le 16 janvier 2025. L'orbite de Mars étant plus elliptique que celle de la Terre, la distance qui nous sépare d'elle change à chaque opposition. Cette année, Mars est à 81,4 millions de kilomètres, soit 19 millions de plus qu'en octobre 2020, et son diamètre apparent dans un instrument est donc plus petit. Son éclat, qui avait surpassé celui de Jupiter durant plusieurs semaines durant l'automne 2020, est bien plus modeste cette année, même s'il demeure impressionnant par rapport aux étoiles environnantes.

Jeudi 8 décembre 2022, Mars passe à l'opposition et elle brille vivement au ras de l'horizon est-nord-est au moment du coucher du Soleil.

Étoiles filantes des Géminides

Durant les nuits du mardi 13 au jeudi 15 décembre 2022, la voûte céleste devrait être zébrée par les étoiles filantes de l'essaim des Géminides, qui semblent rayonner autour des Gémeaux. Ces étoiles filantes sont souvent très lumineuses et c'est une chance car, cette année, l'éclat voisin de la Lune gibbeuse décroissante devrait nous empêcher de voir les moins brillantes. Pour créer cette magnifique image, l'astrophotographe Adrien Mauduit a accumulé des dizaines de photos, puis il a additionné sur une seule d'entre elles toutes les étoiles filantes qui étaient apparues au fil des minutes. Le fait d'habiter en Norvège et d'avoir des aurores boréales à disposition est un avantage, mais cela n'enlève rien au talent du photographe !

24 et 25 décembre

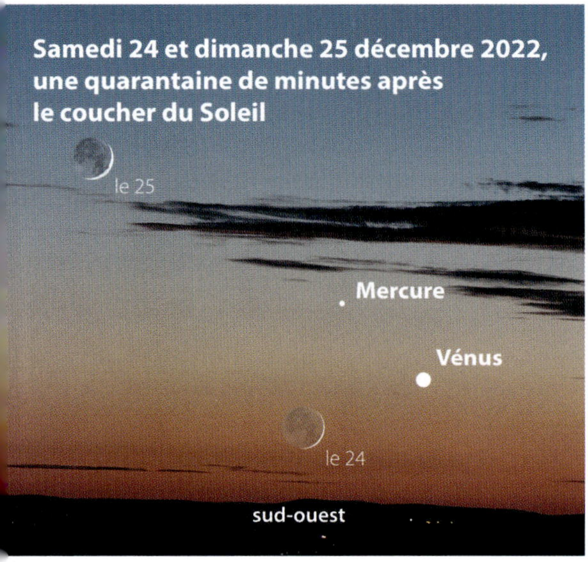

Un beau trio au couchant

La jeune Lune arrive dans les parages de Mercure et de Vénus pour Noël. Le samedi 24 et le dimanche 25 décembre, une quarantaine de minutes après le coucher du Soleil, vous pouvez chercher ce trio juste au-dessus d'un horizon sud-ouest limpide. Le croissant et Vénus sont faciles à voir à l'œil nu, mais des jumelles seront peut-être nécessaires pour distinguer Mercure. Le samedi 24, ces astres dessinent un triangle équilatéral de près de quatre degrés de côté. Le dimanche 25, la Lune s'est éloignée et brille à une quinzaine de degrés sur la gauche de Vénus, qui se couche un peu plus d'une heure après le Soleil.

Samedi 24 et dimanche 25 décembre 2022 au crépuscule, une quarantaine de minutes après le coucher du Soleil, cherchez l'arc lunaire, Mercure et Vénus juste au-dessus d'un horizon sud-ouest dégagé.

26 décembre

Une boule lunaire cendrée

Le lundi 26 décembre au crépuscule, une heure et demie après le coucher du Soleil, Saturne accueille le jeune croissant lunaire dans le Capricorne. La lumière cendrée est devenue évidente à l'œil nu après Noël et, dans les ultimes lueurs crépusculaires, le globe lunaire semble suspendu comme une grosse boule lumineuse à une quinzaine de degrés de hauteur au-dessus de l'horizon sud-ouest. L'éclat de Saturne brille à quatre degrés de là et, si vous avez reçu une lunette en cadeau, il faut vous dépêcher d'observer ses merveilleux anneaux avant qu'elle ne se carapate sous l'horizon en milieu de soirée.

Lundi 26 décembre 2022 au crépuscule, une heure et demie après le départ du Soleil, jetez un regard au beau couple formé par Saturne et le croissant lunaire au-dessus de l'horizon sud-ouest.

29 décembre

Le plein de planètes

Le jeudi 29 décembre au crépuscule, une heure après le départ du Soleil, tentez de repérer Mercure à un degré et demi de Vénus ; ces deux planètes brillent au ras de l'horizon ouest-sud-ouest. Si vous parvenez à voir Mercure, pivotez lentement vers le sud-ouest pour saisir l'éclat de Saturne, continuez jusqu'au sud pour attraper Jupiter et la Lune, et terminez votre tour du ciel en regardant Mars, loin au-dessus de l'horizon est. Vous aurez ainsi observé toutes les planètes visibles à l'œil nu dans le Système solaire, mais dans des conditions bien plus délicates qu'au mois de juin dernier (voir page 75).

Jeudi 29 décembre 2022 au crépuscule, une heure après le coucher du Soleil, Mercure et Vénus brillent à moins de deux degrés l'une de l'autre juste au-dessus de l'horizon ouest-sud-ouest.

29 décembre

Un couple au sud

Le jeudi 29 décembre au crépuscule, une heure et demie après le coucher du Soleil, Jupiter et la Lune forment un beau couple loin au-dessus de l'horizon sud. Notre satellite est pratiquement à son Premier Quartier et brille à trois degrés sur la gauche de Jupiter. Ces deux astres se couchent à l'ouest plus de cinq heures après, vous avez donc du temps pour les admirer à l'œil nu et pour les détailler dans un instrument. Une petite lunette de 60 mm avec un grossissement de vingt fois suffit pour voir les quatre principales lunes de Jupiter et distinguer les bandes nuageuses qui marquent l'équateur de cette géante.

Jeudi 29 décembre 2022 au crépuscule, une heure et demie après le coucher du Soleil, Jupiter et le quartier lunaire sont côte à côte à plus de quarante degrés de hauteur au-dessus de l'horizon sud.

Adresses et ressources astronomiques

Pour pratiquer l'astronomie comme un loisir au quotidien, il est toujours intéressant de prolonger les observations par des lectures, des conférences, des expositions, des émissions de radio, des stages ou des voyages. Vous trouverez donc dans ces pages quelques renseignements pratiques et adresses très utiles.

Les photographies de cette double page ont été réalisées lors de différents rassemblements astronomiques.
© Guillaume Cannat

Associations et clubs

International Dark-Sky Association :
www.darksky.org/our-work/conservation/idsp/reserves/

Association française d'astronomie
17, rue Émile-Deutsch-de-la-Meurthe
75014 Paris. Tél. : 01 45 89 81 44
www.afastronomie.fr

Société astronomique de France
3, rue Beethoven, 75016 Paris
Tél. : 01 42 24 13 74
saf-astronomie.fr

Planète Sciences
16, place Jacques-Brel
91130 Ris-Orangis
Tél. : 01 69 02 76 10
www.planete-sciences.org

Astroclub Véga, c/o Raoul Lannoy
Nerviersstraat 19, B-2018 Antwerpen (Anvers)
Tél. : 03/288 55 67
www.astrovega.be et www.ffaab.be

Cercle astronomique de Bruxelles
c/o Jean Schwaenen
Allée D 5, B-6001 Marcinelle
Tél. : 071/43 40 40
www.nightskyobservers.be

Fédération des astronomes amateurs du Québec
4545, avenue Pierre-de-Coubertin
Montréal, QC H1V 0B2
Tél. : 514 252 3038
www.faaq.org

Société astronomique de Genève
6, rue des Terreaux-du-Temple
CH-1201 Genève.
www.astro-ge.net

Si vous avez accès à Internet, le site suivant vous permettra de découvrir des listes très complètes d'associations et de clubs d'astronomie en France, en Belgique, en Suisse et au Québec : www.afastronomie.fr

Astrotourisme

Réserve internationale de ciel étoilé (RICE) du pic du Midi : picdumidi.com/fr/pic-du-midi/rice

RICE du parc national des Cévennes :
www.cevennes-parcnational.fr/fr/des-actions/gerer-et-preserver-les-patrimoines/le-ciel-etoile-et-lenvironnement-nocturne

RICE Alpes Azur Mercantour :
www.mercantour-parcnational.fr/fr/des-actions/connaitre-et-proteger/reserve-internationale-de-ciel-etoile-alpes-azur-mercantour

Carte de la pollution lumineuse en France par Frédéric Tapissier : www.avex-asso.org/dossiers/wordpress/fr_FR/la-pollution-lumineuse-light-pollution/cartes-de-pollution-europeenne-avex-2016

Conférences, expositions, soirées d'observation, stages

On ne peut citer dans le cadre de ce livre toutes les structures qui organisent des manifestations publiques, car il en existe dans presque toutes les régions. Les revues *Ciel & Espace*, *Astrosurf Magazine* et *L'Astronomie* consacrent plusieurs pages à leur annonce dans chaque numéro.

Enfants

Si les questions de vos enfants sur l'astronomie fusent comme des étoiles filantes, si vous ne savez ni quoi ni comment répondre, proposez à vos jeunes astronomes d'interroger le site Internet « l'Étoile des enfants ». Créé par Maco Brodard, un astronome amateur et instituteur

suisse, ce site s'appuie sur un groupe international d'astronomes, amateurs et professionnels bénévoles, qui mettent leurs savoirs en commun pour répondre aux questions les plus précises, et souvent les plus surprenantes !
www.etoile-des-enfants.ch

Festivals et rassemblements d'observateurs

Il y en a de plus en plus tout au long de l'année. Voici les plus anciens ou les plus importants, ainsi que d'autres rendez-vous également très intéressants.

Les nuits du causse Noir
Domaine de Pradines
30750 Lanuéjols
www.nuits-causse-noir.fr

Rencontres Astro-Ciel
Station de ski Plaine Laups
26310 Valdrôme Tél. : 04 75 21 47 24
saf-astronomie.fr

Festival d'Astronomie de Fleurance
Festival Astro Junior
Moulin du Roy 32500 Fleurance
Tél. : 05 62 06 09 76
www.fermedesetoiles.com

Les Rencontres du Ciel et de l'Espace
Les Nuits des étoiles
www.afastronomie.fr

Festival des étoiles
Centre d'astronomie du plateau du Moulin-à-Vent
04870 Saint-Michel-l'Observatoire
Tél. : 04 92 76 69 09
www.centre-astro.fr

Rencontres astronomiques du printemps
20, rue Édouard-Petit
42000 Saint-Étienne
Tél. : 04 77 79 61 33
www.astrorap.fr

Nuits Astronomiques de Touraine
www.astrotouraine.fr

Journées de l'occasion astronomique
joa.space

Féerie d'une nuit
En Suisse, des conférences, des observations, des ateliers pour les enfants, des conteurs, plein de belles choses et d'étoiles à découvrir au Signal de Bougy.
www.feeriedunenuit.ch

Au Québec, le Rendez-vous des observateurs du ciel (ROC)
info@roc-qc.net
www.sapm.qc.ca/roc

Magasins spécialisés

Si vous envisagez l'achat de jumelles, d'une lunette ou d'un télescope, la sagesse est d'aller dans l'un des magasins spécialisés en matériel astronomique.

MÉDAS
Tél. : 04 70 30 19 30
www.medas.fr

OPTIQUE & VISION
Tél. : 04 93 61 18 83
www.ovision.com

PIERRO-ASTRO'
Tél. : 06 09 57 47 38
www.pierro-astro.com

LA CLEF DES ÉTOILES
Tél. : 05 61 22 58 55
www.laclefdesetoiles.com

ASTRONOMIE ESPACE OPTIQUE
Tél. : 05 56 98 55 58
www.astronomieespaceoptique.com

SKYVISION
Tél. : 01 69 34 04 03 www.skyvision.fr

LA MAISON DU GLOBE
www.lamaisonduglobe.com

L'ASTRONOME
Tél. : 02 97 21 00 44
www.astronome.fr

L'ATELIER DU MOULIN DE BLANDÉ
www.atelierdumoulindeblande.fr

UNTERLINDEN
Tél. : 03 89 24 16 05
www.telescopes-et-accessoires.fr

ÉQUINOXE
Tél. : 04 72 75 03 31

THE DOBSON FACTORY
Tél. : 03 85 68 22 59
the-dobson-factory.fr

LE TÉLESCOPE
Tél. : 01 42 77 39 84

LE MONDE DE L'OBSERVATION
Tél. : 01 42 77 99 55
www.maison-astronomie.com

NATURE & DÉCOUVERTES
www.natureetdecouvertes.com

MEADE France
Tél. : 01 58 43 00 90

OPTIQUE PERRET
Tél. : 41 22311 47 75
www.optiqueperret.ch

ASTROSHOP
www.astroshop.de/fr

STELLINA
vaonis.com/fr/

UNISTELLAR
unistellaroptics.com/equinox-fr-fr/

Observation de la Station spatiale internationale

Pour savoir où et quand observer les passages de la Station spatiale internationale et des satellites Starlink, consultez le site www.heavens-above.com.
En vous inscrivant (c'est gratuit), vous pouvez mémoriser des points d'observation différents et obtenir rapidement des cartes et des horaires de passage très précis.
Si vous n'êtes pas anglophone, lisez les conseils que je vous donne pour vous inscrire : www.leguideduciel.net/.

Observatoires

Il existe des dizaines d'observatoires gérés par des clubs ou des associations ; ils accueillent des stages, des soirées d'observation publiques, des conférences.
La plupart des observatoires professionnels français peuvent être visités, mais il n'est pas possible d'observer avec les instruments de grand diamètre.

Observatoire de Haute-Provence
04870 Saint-Michel-l'Observatoire
Tél. : 0492706400

Observatoire de la Côte d'Azur
2130, route de l'Observatoire
Caussols
06460 Saint-Vallier-de-Thiey
Tél. : 0493405454

Radiotélescope de Nançay
18330 Neuvy-sur-Barangeon
Tél. : 0248518241

Observatoire du pic du Midi
65200 Bagnères-de-Bigorre
Tél. : 0562919033

Observatoire de Paris
61, avenue de l'Observatoire
75014 Paris
Tél. : 0140512221

Observatoire de Meudon
5, place Janssen
92195 Meudon
Tél. : 0145077486

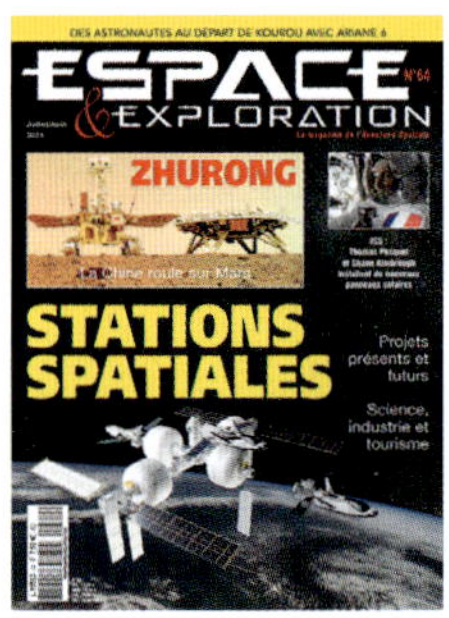

Revues

Ciel & Espace
Revue bimestrielle qui s'adresse aussi bien au grand public qu'aux amateurs et aux professionnels.
www.cieletespace.fr

L'Astronomie
Revue mensuelle avec des articles de très bonne facture écrits par des amateurs et des professionnels.
lastronomie.fr

Espace & Exploration
Revue consacrée à l'aventure spatiale (six numéros par an).
www.espace-exploration.com

Astrosurf Magazine
Revue pour les amateurs disponible uniquement par abonnement (six numéros par an).
www.astrosurf.com/magazine/

Web

Si vous avez un accès à Internet, vous consulterez avec profit les sites francophones www.cidehom.com, et www.cieletespace.fr qui diffusent à destination du grand public une information de qualité et régulièrement mise à jour dans le domaine astronomique et spatial.
Vous pouvez également vous abonner gratuitement à la lettre électronique d'information de l'auteur, en lui envoyant un message à gc@leguideduciel.net.
Consultez régulièrement ***Autour du ciel***, le blog de l'auteur sur lemonde.fr.
Suivez l'auteur sur Twitter, Facebook et Instagram.

Pour en savoir plus

CARTE DE LA LUNE
TIRAGES PHOTOGRAPHIQUES
LIVRES
par Guillaume Cannat
En vente sur
www.amds-edition.com

Voir aussi
www.leguideduciel.net.

Lexique

Amas d'étoiles: groupe de quelques dizaines d'étoiles dispersées, pour les amas ouverts, à quelques centaines de milliers d'étoiles concentrées dans un volume globalement sphérique pour les amas globulaires.

Anneaux de Saturne: ils sont constitués de myriades de blocs de glace d'eau de toute dimension – de quelques microns à quelques mètres – qui orbitent comme autant de satellites autour de la planète.

Annulaire: se dit d'une éclipse totale de Soleil lorsque le diamètre apparent de la Lune ne couvre pas complètement le disque du Soleil et laisse visible un anneau lumineux.

Anticrépusculaire (arche): ombre de la Terre sur son atmosphère, visible au-dessus de l'horizon ouest une vingtaine de minutes avant le lever du Soleil et au-dessus de l'horizon est après son coucher.

Aphélie: point de l'orbite d'un corps autour du Soleil situé au plus loin de celui-ci.

APN: appareil photographique numérique.

Apogée: point de l'orbite d'un corps autour de la Terre situé au plus loin de celle-ci.

Astérisme: regroupement d'étoiles n'appartenant pas à la même constellation. Le Triangle de l'été, qui réunit Véga de la Lyre, Deneb du Cygne et Altaïr de l'Aigle, est un astérisme.

Astéroïde: petit corps du système solaire de forme irrégulière appelé aussi petite planète. La plupart des astéroïdes sont répartis dans une région annulaire située entre les orbites de Mars et de Jupiter et appelée la ceinture d'astéroïdes.

Astrophysicien: scientifique spécialisé dans la recherche sur la nature physique des astres.

Bolide: étoile filante dont l'éclat est supérieur à celui de la planète Vénus.

Champ magnétique: le Soleil, la Terre, Jupiter et nombre d'astres se comportent comme des aimants, avec un pôle magnétique Nord et un pôle magnétique Sud. Ces deux pôles sont reliés par un champ magnétique.

Comète: petit corps du système solaire principalement constitué de glace d'eau et de poussières. Lorsqu'une comète s'approche du Soleil, une partie de sa glace se vaporise et donne naissance à une traînée en forme d'éventail.

Conjonction: rapprochement de deux astres sur la voûte céleste.

Conjonction inférieure: un corps du système solaire est en conjonction inférieure lorsqu'il passe entre la Terre et le Soleil. Seules les planètes Mercure et Vénus ainsi que certaines comètes et petites planètes peuvent passer en conjonction inférieure.

Conjonction supérieure: un corps du système solaire est en conjonction supérieure en cas d'alignement entre la Terre, le Soleil et ce corps.

Constellation: regroupement arbitraire d'étoiles se trouvant dans la même région de la voûte céleste pour dessiner une figure. Dans l'immense majorité des cas, les étoiles d'une même constellation ne sont pas du tout à la même distance de nous et n'ont donc aucun lien physique. Il existe 88 constellations officielles.

Crépuscule: période séparant le coucher du Soleil de la nuit noire. On distingue habituellement trois crépuscules: le crépuscule civil, qui s'étend du coucher du Soleil à l'instant où le centre du disque solaire atteint 6° sous l'horizon; le crépuscule nautique, qui couvre la période où le centre du disque solaire va jusqu'à 12° sous l'horizon; le crépuscule astronomique, enfin, qui couvre la période où le centre du disque solaire va jusqu'à 18° sous l'horizon.

Culminer: se dit d'un astre qui passe au plus haut de sa trajectoire au-dessus de l'horizon sud dans l'hémisphère Nord et de l'horizon nord dans l'hémisphère Sud.

Dernier Quartier: moment où la Lune se situe à 90° à l'ouest du Soleil et se présente sous l'aspect d'une demi-Lune inversée par rapport au Premier Quartier ou d'un D à l'envers (dans l'hémisphère Nord).

Éclipse: une éclipse de Soleil se produit lorsque la Nouvelle Lune passe devant l'astre du jour; une éclipse de Lune se produit lorsque la Pleine Lune passe dans l'ombre de la Terre.

Écliptique: représentation sur la voûte céleste du plan de révolution de la Terre autour du Soleil.

Élongation: distance apparente entre un astre et le Soleil.

Équateur: ligne qui relie les points situés à égale distance des pôles Nord et Sud d'un corps en rotation sur lui-même.

Équateur céleste: projection sur la sphère céleste de l'équateur terrestre.

Équinoxe: l'un des deux moments de l'année – en mars et en septembre – où le Soleil franchit l'équateur céleste. Aux équinoxes, l'orientation de la Terre par rapport au Soleil engendre une égalité de la durée du jour et de la nuit sur toute la planète.

ESA: sigle de l'Agence spatiale européenne.

Étoile du berger: la planète Vénus, qui est l'astre d'aspect ponctuel le plus brillant du ciel; on peut même voir Vénus en plein jour.

Exoplanète: planète en orbite autour d'une autre étoile que le Soleil.

Externe: se dit d'une planète plus éloignée du Soleil que la Terre: Mars, Jupiter, Saturne, Uranus et Neptune sont les planètes externes du système solaire.

Galaxie: regroupement de plusieurs centaines de milliards d'étoiles et d'immenses nuages de gaz interstellaires. La Voie lactée est notre galaxie vue par la tranche.

Gibbeuse: se dit de la Lune entre le Premier Quartier et le Dernier Quartier; la Lune est gibbeuse croissante entre le Premier Quartier et la Pleine Lune et gibbeuse décroissante entre la Pleine Lune et le Dernier Quartier.

Gravitation: tous les corps s'attirent en fonction de leur masse et de leur distance; naturellement, les plus massifs ont une force d'attraction plus grande.

Hauteur: distance angulaire entre l'horizon et un astre. La hauteur du zénith est de 90°.

Inférieure: se dit d'une planète plus proche du Soleil que la Terre: Mercure et Vénus sont les deux planètes inférieures du système solaire.

Interne : se dit d'une planète plus proche du Soleil que la Terre : Mercure et Vénus sont les deux planètes internes du système solaire.

Jeune Lune : expression désignant habituellement notre satellite au tout début de la lunaison.

Limbe : circonférence d'un corps céleste.

Lumière cendrée : reflet de la lumière solaire sur la Terre qui illumine faiblement la portion nocturne du globe lunaire ; la lumière cendrée n'est visible qu'au début et à la fin de la lunaison.

Lumière zodiacale : faible lueur diffuse visible dans un ciel noir en l'absence de la Lune et à certaines périodes de l'année ; la lumière zodiacale est le reflet de la lumière du Soleil sur les poussières microscopiques qui circulent entre les planètes dans le plan de l'écliptique.

Lunaison : ensemble des phases lunaires entre deux Nouvelles Lunes ; la lunaison complète dure 29,5 jours environ.

Lune : satellite naturel de la Terre ; les satellites naturels des autres planètes sont aussi appelés des lunes.

Magnitude : échelle de mesure de l'éclat d'un astre ; une différence d'une magnitude correspond à une différence d'éclat de 2,5 fois.

Méridien : ligne qui, en un lieu donné, réunit le Nord au Sud en passant par le zénith.

Météorite : particule solide en orbite autour du Soleil provenant généralement d'un noyau de comète ; lorsque la Terre percute une météorite, elle se vaporise dans la haute atmosphère et engendre un phénomène lumineux pouvant être visible depuis le sol et appelé une étoile filante.

NASA : sigle de l'Agence spatiale américaine.

Nébuleuse : dans une galaxie, il y a des étoiles et des immenses nuages de gaz – principalement de l'hydrogène – et de poussières, les nébuleuses, à partir desquels se forment de nouvelles générations stellaires.

Nouvelle Lune : moment où la Lune est en conjonction inférieure avec le Soleil et n'est pas visible.

Occultation : se dit lorsqu'un astre est caché par un autre ; une étoile ou une planète par la Lune, par exemple.

Occultation rasante : se dit lorsqu'un astre passe au ras du limbe lunaire et qu'il peut apparaître et disparaître plusieurs fois au gré de ses passages derrière les irrégularités du pourtour de notre satellite.

Opposition : se dit d'un astre se situant à l'opposé du Soleil par rapport à la Terre ; cela signifie qu'il y a un alignement Soleil-Terre-astre et que ce dernier se lève lorsque le Soleil se couche et qu'il se couche lorsque notre étoile se lève ; il s'agit donc de la meilleure période pour observer cet astre tout au long de la nuit.

Orbite : la trajectoire d'une planète autour d'une étoile ou d'un satellite naturel ou artificiel autour d'une planète est son orbite.

Pénombre : zone qui entoure l'ombre d'un corps éclairé par une source lumineuse.

Périgée : point de l'orbite d'un corps autour de la Terre situé au plus près de celle-ci.

Périhélie : point de l'orbite d'un corps autour du Soleil situé au plus près de celui-ci.

Périodique : se dit d'une comète qui revient périodiquement à proximité du Soleil.

Phases : ce sont les différents aspects – croissant, Premier Quartier, etc. – de la Lune ou des planètes Mercure et Vénus en fonction de leur position par rapport au Soleil et à la Terre.

Planète : corps céleste massif et pratiquement sphérique en orbite autour du Soleil. Les huit planètes du système solaire sont, par ordre d'éloignement au Soleil, Mercure, Vénus, la Terre, Mars, Jupiter, Saturne, Uranus et Neptune.

Pléiades (les) : petit amas ouvert constitué de plusieurs centaines d'étoiles nées dans la même nébuleuse, visible à l'œil nu dans la constellation du Taureau.

Pleine Lune : moment où la Lune se situe à 180° du Soleil et se présente sous l'aspect d'un disque complet.

Pollution lumineuse : ensemble des dégradations nocturnes provoquées par un éclairage public et privé anarchique et souvent excessif. L'impact négatif de la pollution lumineuse se fait également sentir sur la faune et la flore et pourrait n'être pas négligeable sur les rythmes biologiques humains.

Précession : mouvement d'oscillation de l'axe de rotation de la Terre.

Premier Quartier : moment où la Lune se situe à 90° à l'est du Soleil et se présente sous l'aspect d'une demi-Lune ou d'un D (dans l'hémisphère Nord).

Rayons gamma : le rayonnement électromagnétique s'étend des infrarouges aux rayons gamma en passant par la lumière visible, les ultraviolets et les rayons X.

Révolution : d'une planète autour du Soleil ou d'un satellite autour d'une planète.

Rotation : d'un corps sur lui-même.

Satellite : corps en orbite autour d'une planète ; on parle de satellite naturel ou artificiel.

Séléné : personnification de la Lune, sœur du dieu Hélios dans la mythologie grecque.

***SOHO* :** sigle de la mission spatiale américano-européenne qui observe le Soleil 24 heures sur 24.

Solstice : l'un des deux moments de l'année – en juin et en décembre – où le Soleil passe respectivement le plus au nord et le plus au sud de l'équateur céleste.

Sonde : engin inhabité envoyé dans le système solaire pour réaliser des observations d'une cible ou d'une série de cibles (Soleil, planètes, comètes, etc.).

Station spatiale internationale : ensemble de modules d'habitation et de recherche scientifique placés progressivement en orbite par les États-Unis avec la collaboration de pays du monde entier.

Supergéante : désigne une étoile dont l'enveloppe externe gonfle démesurément.

Supérieure : se dit d'une planète plus éloignée du Soleil que la Terre : Mars, Jupiter, Saturne, Uranus et Neptune sont les planètes supérieures du système solaire.

Supernova : dans certaines conditions, le cœur des étoiles les plus massives peut s'effondrer sur lui-même et donner naissance à une étoile à neutrons, voire à un trou noir. Par contrecoup, les couches externes sont violemment éjectées dans toutes les directions.

Temps universel : temps de référence pour les phénomènes astronomiques équivalent à l'heure du méridien de Greenwich.

Terminateur : ligne séparant le jour et la nuit sur la Lune ou sur un corps du système solaire.

Transit : passage d'un corps devant un autre dans le système solaire ; Mercure et Vénus peuvent transiter devant le disque solaire.

Trou noir : résultat possible de l'implosion du cœur d'une étoile massive dont la matière est écrasée sur elle-même et dont la densité devient telle que rien, pas même la lumière, ne possède une vitesse suffisante pour s'en échapper.

Turbulence : micro-mouvements de l'atmosphère qui font trembloter les astres ; plus on grossit l'image d'un astre avec un instrument, plus la turbulence devient gênante.

Unité astronomique : distance moyenne entre la Terre et le Soleil : 1 unité astronomique (ua) vaut à peine moins de 150 millions de kilomètres.

Vieille Lune : expression désignant habituellement notre satellite à la fin de la lunaison.

VLT : sigle du *Very Large Telescope*, un ensemble de quatre télescopes équipés chacun d'un miroir de 8,20 mètres de diamètre, construit et installé par un groupe de pays européens sur le Cerro Paranal, dans la cordillère des Andes chilienne.

Voie lactée : bande lumineuse irrégulière visible dans un ciel bien noir formée par l'accumulation des étoiles de notre Galaxie vues en enfilade.

Zénith : point situé au sommet de la voûte céleste, soit à 90° de hauteur au-dessus de l'horizon.

Zodiaque : ensemble des constellations qui bordent l'écliptique et dans lesquelles peuvent se déplacer le Soleil et les planètes.

Sources

Tout au long de l'ouvrage, lorsque du texte apparaît dans une image, il s'agit d'un montage sauf mention contraire. Toutes ces illustrations sont des créations de Guillaume Cannat avec ses propres photographies prises au gré de ses déplacements.

Toutes les images de la Lune incorporées dans les schémas photographiques ont été calculées avec l'excellent logiciel Atlas virtuel de la Lune, de Patrick Chevalley et Christian Legrand, disponible gratuitement sur le site ap-i.net/avl/fr/start.

Les cartes du ciel mensuelles ont été réalisées à partir d'informations calculées avec le logiciel THE SKY 5 de Software Bisque (www.bisque.com) et de photographies de Guillaume Cannat.

Remerciements

Un grand merci à Francine, Sandra et Michel, qui m'aident chaque année à élaborer cet ouvrage avec constance et efficacité.

À Altaïr, Hadar, Spica et Arcturus dont les rapprochements nous apportent bonheur et rires.

Bruce Springsteen, Meg Myers, Manchester Orchestra et Park Shin Hye ont composé la bande-son qui m'a accompagné lors de la rédaction de cette vingtième édition.

Merci à vous, lecteurs, connus et inconnus, de me donner le privilège de pouvoir vous faire partager chaque année ma passion de l'observation.

gc@leguideduciel.net
www.leguideduciel.net

L'horloge de la Grande Ourse

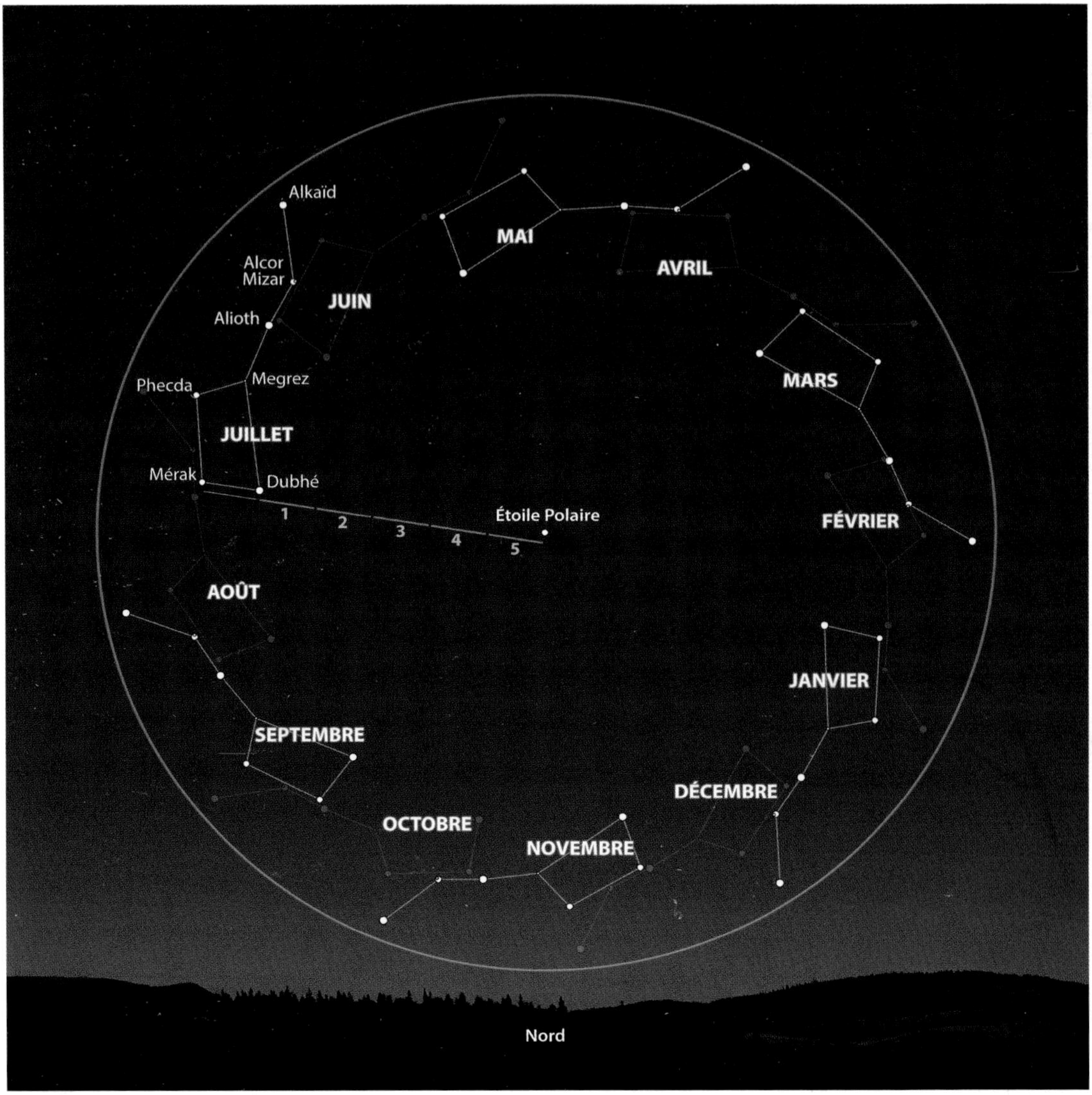

La Grande Ourse, table d'orientation pour les observateurs de l'hémisphère Nord (voir p. 12), est visible toute l'année à toute heure de la nuit à la latitude de l'Europe. Cherchez-la en vous plaçant face à l'horizon nord et en utilisant cette « horloge de la Grande Ourse », qui se lit dans le sens inverse des aiguilles d'une montre. La position de la Grande Ourse, ou plus précisément d'une partie de cette figure que l'on appelle la Casserole, est indiquée le 15 du mois vers 22 h en heure légale. Vous constatez aisément qu'il faut chercher cette figure au ras de l'horizon nord au début des nuits d'automne, alors qu'elle culmine près du zénith à l'orée des nuits printanières. Si vous désirez repérer la Grande Ourse plus tard dans la nuit, prenez la position de la Casserole en début de nuit et décalez-la d'un mois toutes les deux heures. Exemple : l'orientation de la Casserole en mai à l'aube est identique à celle du début de nuit en septembre. Même si ce schéma ne prétend pas être aussi précis qu'une montre suisse, je vous en propose cette année une version légèrement améliorée.

ISBN : 979-10-90238-34-3
Dépôt légal : septembre 2021
Achevé d'imprimer en août 2021 par STIGE – Turin – Italie